地方志災異資料叢刊

第二編

35

于春媚 賈貴榮 編

國家圖書館出版社

第三十五冊目録

臺灣省

【康熙】武平縣志

（清）劉旷纂修
（清）趙良生續纂修

民國十九年（1930）鍾幹丞鉛印本

禨祥誌

宋

元祐五年嘉禾生三十六穗

淳祐十一年八月月甲辰山水暴至漂田廬舍

元

至正四年夏大疫

十四年大饑人相食

明

正德十五年四月地震有聲

嘉靖九年九月殞霜殺禾稼

二十六年二月大雨雹

二十九年正月地震

三十二年癸丑黃竹花其實如米可食時以爲兵兆先是正德間花七年兵亂是年復花冬十二月除夜文明坊民居災丁巳廣賊四出

三十三年十一月地震有聲

三十四年十二月武平所守備黃鎭於通濟橋頭建朱晦翁祠祠成致祭數日後圃開並蒂芙蓉產靈芝之時以爲興文之兆

三十六年十月民間傳有馬靈精入屋迷人婦女城治

內外用俱桃條柳枝相逐金鼓晝夜不絕聲知縣徐甫
宰禱於城隍數日乃息
三十七年八有地産靈芝七本奉上文取之是年七月
初五日倏晝昏大雨山崩溪漲漂毁民居近午溺死者
數十人知縣徐甫宰申請賑恤
隆慶元年至六年禾麻被野石米叁錢人咸樂生
萬歷五年有星孛於西南光芒竟天越三月沒
十九年十月日重暈小大如連環數百
二十三年四月二十日雷擊武平所城柱
二十八年八月地震

三十三年十一月地震有聲

三十四年秋大旱

三十五年七月雨雹壞牛馬

崇禎三年十月磔遝高家鍋地出血（高有詰病其媳半夜炊湯只見鍋血如湯鼎沸）是年磴下人家屋梁灑血花纍凝血此災祥見信為殺戮盈野之驗

八年十二月地震有聲

九年正月大雨雹　四月大饑

十四年五月十一日辰刻兩日相盪

清朝

順治十三年正月十五日大雪平地深三尺人爲豐年之兆

康熙元年十二月大雪

八年虎入城市六月初三日夜虎從岐北踰垣而入民有見之者數日後知縣錄存出募勇士射殪之

九年至十一年大有年石米四錢室家相慶

【民國】上杭縣志

張漢等修　丘復等纂

民國二十八年(1939)上杭啟文書局鉛印本

上杭縣志卷一

大事志

丘復 纂

中華民國紀元前一千一百七十六年唐玄宗開元二十四年丙子開福撫二州山洞置汀州領縣三長汀龍巖寧化舊唐書地理志考異新唐書地理志有沙無龍巖據大曆以後所改又龍巖本名新羅寧化本名黃連均天寶元年更名新書載寧化更名而龍巖不載

前一一四三年唐代宗大曆四年己酉汀州刺史陳劍奏析龍巖湖雷下保置上杭場汀州府志總敘按舊志在今永定豐田里乾隆永定志卽今下湖雷唐時爲龍巖縣置場以理鉛稅乾隆永定志按舊志龍巖割隸漳州上杭場未詳何處今據永定志補

前一一三五年大曆十二年丁巳割龍巖隸漳州新唐書地理志上杭場仍屬汀州

前一〇一九年昭宗景福二年癸丑王潮入福州自稱留後汀州降通鑑王氏遂有七閩通鑑胡三省注

上杭啓文書局承印

前九六八年 後晉高祖開運二年甲辰 **九月許文稹以汀州降於南唐** 通鑑 按通鑑開運元年三月朱文進弑閩主王曦自稱閩王汀州刺史[illegible]安許文稹舉郡降之十一月又奉表請降于閩主王延政至是又降於南唐 考異汀志建置晉開運元年指揮朱文進殺審知子延曦而自立以許文稹來守是以文稹爲朱氏所授與通鑑言舉郡降者異茲從鑑

前九五八年 南唐保大十三年甲寅 **徙上杭城於秫梓堡** 舊志在今永定太平里 按永定宋在太平里北山踞紫木欄爲城深址猶存又敵眼八處舊跡志云此地自南唐建場至宋升縣尚有西門深溝上新倉下諸遺名

前九三四年 宋太祖開寶八年乙亥 **宋平江南** 宋史本紀 **汀州入於宋** 府志 考異府志建置云宋開寶元年宋滅江南而有其地說今據宋史訂正

前九一八年 太宗淳化五年甲午 **升上杭場爲縣** 宋史地理志 **隸福建路屬汀州割長汀南境益之** 府志建置 按上杭場跨龍巖池井有今永定全縣地升縣時益以長汀南境孰能孰長舊志未詳 唯舊志古蹟類北十五里長汀村唐時郡治自新羅遷此後又遷東坊口因名焉州城今縣治以北皆長汀所益也

前九一六年（太宗至道二年丙申）徙治鹽沙（舊志在縣東北即今白砂里亦名舊縣去杭梓僊二百里又同治續川里圖以碧沙坑即舊白砂里鹽沙辨詳山川志）

前九一三年（真宗咸平二年己亥）徙治語口市（舊志在縣北即今錢坊過渡處）

前八九五年（仁宗天聖五年丁卯）徙治鍾寮場（舊志在縣北以其地平曠仕者賴以安故云平安里考異宋史地理志上杭有鍾寮金場天聖三年徙治鍾寮場東疑宋史誤）

前八六三年（仁宗皇祐元年己丑）始置常平倉於縣治東（以下三條俱見舊志儲卹）

前七八一年（高宗紹興元年辛亥）盡蠲田租

前七七七年（五年乙卯）始置舉子倉先是朝廷以建劍汀邵細民生子多不舉特命州縣各於鄉村置舉子倉儲米遇生子者人給一石縣於東門及鹽沙團各設一所興化鄉勝運里各設二所後經寇亂並廢（考異舊志里圖宋分四鄉二團五里鹽沙爲五里之一非團勝運爲四鄉之一非里也）

上杭啓文書局承印

前七六八年（十四年甲子）三月蠲經殘蹂民户賦役一年明年七月免秋稅（宋史高宗紀舊志未分別但云十四年十五年免秋稅）

前七六四年（十八年戊辰）罷上供銀（舊志按宋史高宗紀罷上供銀蠲茶鉛之半蓋邑無之故不書）

前七五三年（二十九年己卯）知縣事孫瑞以立縣百六十餘年未立學舍始營建之並置學田（舊志）

前七四五年（孝宗乾道三年丁亥）知縣事鄭稷以縣治四遷屢經殘刼皆由治非其所奏徙來蘇里之郭坊（舊志卽今治考與宋史地理志作乾道四年徙治郭下始三年奏而四年治還敗）

前七四一年（七年辛卯）知縣事陳朝章初築縣署並區畫廛井塗徑先是鄭稷奏遷縣治邊以憂去朝章至引爲己任不二年告成（舊志名宦）

前七二一年（光宗紹熙二年辛亥）始建主簿縣尉廳

（府志紹熙中趙師𢍰刺汀州時上杭[illegible]寇猖獗[illegible][illegible]亂師[illegible]庶具狀爲請乘驛郡縣頗以安按舊志不載寇賊事附記於此）

前七一〇年（寧宗嘉泰二年壬戌）七月丙午水圮田廬壞稼民多溺死（宋史五行志）

（舊志無日干及壞稼字）知縣黃葵倡修縣志

前六九九年（紹定六年癸酉）知州事趙崇模奏請改運潮鹽先是熙寧間縣運漳鹽十船船六十籮官給綱本至漳籴買至是改食潮鹽（舊志河校）

前六八九年（十六年癸未）知縣事趙彥挺徙建儒學初遷縣時儒學在縣治東五十步至是徙縣治東二百步創禮殿兩廡及崇德廣業居仁由義四齋就舊儒學建城隍廟自縣西遷焉（舊志典佚）

前六八二年（理宗紹定三年庚寅）寧化賊闕胡麻（寧化志作晏頭陀）等入寇破縣治（舊志寇變作縣城按是時尚未築城故訂改）燬公署（舊志建置）長汀丞（舊志名宦）攝縣事趙時鉞以計勦平之（舊志寇變）

上杭啓文書局承印

前六七八年（理宗端平元年甲午）知縣事趙時鉞初築縣城建治署（舊志建置）

前六七六年（三年丙申）詔以紹定寇攘之後免民間田稅一年（舊志紀卹）

前六六九年（理宗淳祐三年癸卯）大水縣治圮（舊志祲祥）

前六六六年（六年丙午）知縣事趙希䛴因城壞更築縮其址而小之（舊志建置）

前六六一年（十一年辛亥）大水縣城（參舊志建置）及學宮圮（舊志祲祥）

前六五八年（理宗寶祐二年甲寅）知縣事潘景丑因城圮於水重修石址甃甓而瓦覆之（舊志建置按古蹟有盤鵶閣語攷丑建）

前六五五年（五年丁巳）知縣事李務行重建治署及儒學建講堂爲樓奉先聖燕居像更學門於堂之左以別廟學之制（舊志建置）

前六三六年（端宗景炎元年丙子）七月文天祥以同都督出江西收兵入汀州十月遣參謀趙時賞諮議趙孟濚將一軍取寧都參贊吳浚將一

軍取雩都宋史文天祥傳　考異宋史本紀命天祥爲同都督繫之六月末十月文天祥入江州至汀州之誤

前六三五年景炎二年元世祖至元十四年丁丑　正月元兵破汀關宋史本紀　天祥遂移漳州乞入衛時賞孟溁亦提兵歸溁不至宋史文天祥傳　溁棄瑞金尋還汀州宋史本紀　與知州事黃去疾以城降汀志建置　按汀志兵戈初元兵至天祥欲據城拒敵黃去疾聞說航海有異志正月天祥移屯漳州去疾與溁以城降於元　溁至漳說天祥天祥縛溁縊殺之宋史文天祥傳　三月元以汀州等郡降官各治其郡宋史本紀　上杭遂入於元舊志

前六三四年至元十五年戊寅　升汀州爲路隸福建行中書省汀志

福州府志長汀涂某以竈徒來神泉村（今屬大埔）於茶山下築城聚眾號曰涂寨自稱侍郎據上杭金豐三饒程鄉之地私徵賦稅傳弟綠僑餘黨二十餘年至元二十一年甲申廣東安撫使月的迷失討平之按涂某值宋元之際土豪一方私抽賦稅未嘗剽掠劫殺故舊志不書特附記於此金豐今屬永定

上杭啓文書局承印

前六二一年（二十八年辛卯）改福建行省為宣慰司隸江西行省（元史本紀考異汀志云其後成隸江西行中書省而不詳何時考元史地理志建隸至元十八年遷泉州行省於本州十九年復遷泉州二十年仍遷本州二十二年併入杭州不載隸江西事三山續志二十二年併置江西行省二十三年復置二十八年仍併入江西二十九年仍置行中書省不從併入杭州議從本紀又本紀載二十九年正月庚子江西行中書省左丞高興言江西福建汀漳諸處連年盜起百姓入山以避乞降旨招諭復業足爲二十八九年間汀州隸江西行省之證）

前六二〇年（二十九年壬辰）復置福建行中書省（通志引三山續志）

前六一五年（成宗大德元年丁酉）改福建省為福建平海（按平海即泉州）等處行中書省徙治泉州（元史本紀）

前六一三年（三年己亥）罷福建等處行中書省立福建宣慰司都元帥府（同上）

前五六六年（順帝至正六年丙戌）六月連城民羅天麟陳積萬等陷長汀縣（元史）

本紀　按汀志天麟運城軍士以巽拒捕逐與陳積萬等反乘勝刼掠六縣皆爲殘破按汀志是時汀屬長汀寧化武平連城清流并本縣而六　八月丙午命江浙右丞忽都不花江西行省右丞禿魯合討之元史本紀考異舊志作總都不花統兵三路進討賊敗走山寨舊志寇發閏十月癸未賊徒羅德用殺首賊天麟積萬以首級送官餘黨悉平元史本紀

前五五六年十六年丙申正月壬午改福建宣慰司都元帥府爲福建行中書省元史本紀考異汀志至元十五年升汀州爲路隸福建行省其後或隸江西至正十六年仍隸福建是以是年改前皆隸江西也據三山續志至元二十八年併入江西二十九年復置行省隸江西者係一年耳

前五五四年十八年戊戌十一月癸卯陳友諒陷汀州路同上

前五五三年十九年己亥陳友諒別部鄧克明等寇汀漳據縣縣治被燬舊志此下有明年二字福建行省參政陳友定破走之考異舊志建置及寇變均作二十年稍後

革門作十九年今據崇化汀志建邑門定之刪去明年二字又考元史順帝紀十八年友諒陷汀州[illegible]至二十二年始書參知政事陳友定復汀州路巢沅縉撫依之汀志敘之二十一年按友諒於十八年九月乙丑陷贛州路是月丁酉朔乙丑爲二十九距至十一月九日癸卯遂陷汀州贛州已下斷不能延至三四年後陷汀州元史本紀繫之十八年可信也至陷縣治仍志沿其誤之十九年蓋陷汀後遲一二月始攻縣耳又夏燮明鑑紀之十九年未云是故陳友諒遣兵入閩寇邵武汀州元總管陳友定敗之黃土寨而二十二年友定復汀州路則云先是友諒將鄧克明復寇汀州友定擊敗之遷右丞至是命守汀州殆因本紀而曲爲之設

前五四七年（二十五年乙巳）達魯花赤伯顏重建縣治（舊志建署）

前五四五年（二十七年丁未）邑中盜起鄉民入城自保長汀鄭從吉有膽畧延之捍禦行省知其能授以縣事時城垣頹圮殆盡從吉拓舊址復築各建樓其上（考異從吉攝縣事舊志建置作至正間汀志名宦作至正中考從吉攝縣事在伯顏後今從舊志名宦作至正末）

前五四四年（至正二十八年明太祖洪武元年戊申）湯和平福建二月甲子汀州路總

管陳國珍以城降（元史順帝紀） 上杭入於明（考異國珍元史作谷珍汀志無月日據順紀補）

前五四二年（洪武三年庚戌） 知縣夏煜立申明亭於縣門右

前五三六年（九年丙辰） 知縣劉亨縣丞周郁因儒學頹廢倣舊制重建省四齋爲二曰尚德曰樂育（舊志建置） 亨以次創建社稷山川壇（舊志典秩） 薦邑人胡時丘子瞻於朝（舊志名宦人物）

前五三二年（十三年庚申） 知縣劉亨建際留倉於縣儀門外左（舊志儲卹）

前五三一年（十四年辛酉） 縣自宋分四鄉曰勝運興化太平金豐二團曰平原來蘇五里曰平安安豐來蘇古田籠沙元因之至是知縣鄧致中丈量田畝改鄉團併爲十里曰在城勝運溪南來蘇古田平安太平白砂金豐豐田統八十圖後漸省爲五十九圖（舊志里圖）

前五三〇年（十五年壬戌） 知縣鄧致中建譙樓（舊志建置）

前五二五年（二十年丁卯）來蘇鋪鍾子仁作亂邑民周子禮郭原中等於十八年白知縣鄧致中修築縣城至是寇至（舊志建置）子禮出家財募勇殺賊（舊志人物）隊長張愛力戰勝之擣巢深入遇害（舊志寇變鍾子仁之亂　舊志考異）周子禮張愛傳俱作二十年建置寇變志俱作十八年檢職官志鄧致中十四年任章貞十九年任則人物志俱誤然鍾子仁作亂未必卽攻據淸川周氏舊譜子禮白致中築城在十八年募勇殺賊在二十年兹從之

前五〇五年（成祖永樂五年丁亥）知縣劉紹立振濟倉四所（縣鐵門右及勝運里底豐白砂里華家亭豐田里盤淸寺）歲以秋米支運所餘及官罰贖鍰并勸里民所捐輸之穀入之天啓六年燬（舊志儲卹）

前四九六年（十四年丙申）水圮社稷山川壇

前四七六年（英宗正統元年丙辰）知縣張琳縣丞楊孜就儒學建大成殿及明倫堂（舊志典秩）於南門作浮橋（舊志津梁）

前四六三年（十四年己巳）沙尤寇鄧茂七分黨陳景正圍汀州推官王得仁嬰城固守乘賊不意大破之執景正檻送京師（寧化志）餘寇至縣邑中無備城破（府志建置縣城）公署悉燬（舊志建置公署）邑民邵縉紳妻陳氏縉纓妻黃氏俱被執赴水死諸生江瀚被執於汀州城下不屈遇害

府志寇變　鄧茂七之亂敘明史丁瑄傳初福建多礦盜命御史衛革捕之等分村衆皆徵殺擄編民爲甲擇其豪爲長得自徵兵依貸民沙縣佃人鄧茂七既爲甲長益以氣役屬鄉民其俗佃人輸租外例饋田主茂七倡其黨毋饋而田主自往受粟田主訴於縣縣逮茂七不赴下巡檢追捕茂七殺弓兵數人上官遣軍三百捕之被殺傷幾盡巡檢及知縣並遇害茂七遂大剽掠僞稱剗平王設官屬黨數萬人陷二十餘縣爲丁瑄所斬

嘉靖州志正統十四年上杭賊范大滿乘鄧茂七變勢掠石窟松源等鄉潮州通判翁敬帥民兵討平之是當時邑中不逞之徒聞什乘隙竊發者

前四六二一年（景帝景泰元年庚午）大饑（府志）民相聚將爲亂刑部郎中夏時正奉

上杭縣志　卷一　大事志　七　上杭啓文書局承印

命勘災憑縣册報發倉分振盜遂息（舊志儲卹）

前四六一年（二年辛未）知縣楊璟重建縣署（舊志公署）

前四五七年（六年乙亥）大成殿壞於蟻知縣黃希禮改建之教諭李遠倡諸生建櫺星門（舊志典秩）前一二年（四年癸酉）希禮從邑民鄭仕敬孔文昌等議奏請築城至是興工（舊志建置）

前四五〇年（英宗天順六年壬午）勝運里山背人李宗政（考異舊志建置及府志俱作溪南里撫丁泉戰死石馬岐在今級芬蛟妖郎蒸齊山人）憤邑豪侵奪有司弗能禁招誘流亡闕永華等作亂自號白眉破縣治義民張秉和死之（舊志寇變）（汀州府志羅劉寧程鄉人天順間聚衆爲亂流劫惠州興寧長樂潮守周瑄大破賊衆其黨楊輝逃歸汀州之安遠招集餘孽劫掠江西閩廣之交屢招叛賊黨會玉聪石坑嶺闘對坐路龍歸閩破江西安遠福建上杭未詳何年惟載惠潮道僉事毛吉平賊在成化二年則破縣治當在元年以前又丘文莊集毛宗吉傳亦云羅劉寧黨楊輝破安遠及上杭據嘉靖州志羅劉寧遁聚楊輝會玉等）

劫掠等村在景泰八年疑朝志因宗政事而訛傳明史毛吉傳但言攻陷江西安遠劇閩廣不言破上杭今不取

前四四九年（七年癸未）巡按御史伍驥督兵親剿都司丁泉奮勇先登攻破石馬岐等寨猝與賊遇力戰死之（舊志寇驥參名宦）驥督戰益急宗政等就擒（舊志丁泉傳）寇平奏設上杭守禦千戶所（舊志兵制）驥同京卒邑人塑二公像於城樓歲時致祭（舊志丁泉傳按明史伍驥傳驥字德良安福人進士授御史天順七年巡按福建先是上杭賊起驥聞立馳入汀州調援兵四集驥單騎詣賊巢賊不意御史猝至皆擐甲露刃驥從容立馬諭以禍福賊見其至誠感悟泣下歸附者千七百餘戶給以牛種復故業惟賊首李宗政負固不服從與泉深入破之泉力戰爲賊所害驥弔死恤傷激以忠義復與賊戰連破十八砦俘斬八百餘人四境悉平循驥留撫遂成疾班師至上杭卒軍民哀之如父母旦夕臨者數千人爭出財立祠史傳較舊志爲詳故備錄之惟云卒於上杭則史傳之誤）

以請賜額褒忠歲以春秋致祭焉（舊志名宦傳亦載御史伍驥傳）其後知縣蕭宏條舉其事

前四四六年（憲宗成化二年丙戌）先是景泰六年興工築城賊起中止寇平御

史伍驥奏調汀州衛右千戶所官軍駐縣守禦御史朱賢及僉事牟俸以城隘不足居軍命知縣胡鉞斥而大之（舊志建置）邑人聽選監生溫祐在京上言請暫抽河稅以城竣工而止（舊志河稅每鹽船稅一錢五分都三分委陰陽學官滿老八輪收之工竣又城武平永定及建衙署皆借支之因循未給）

前四四五年（三年丁亥）僉事牟俸倡建守禦千戶所於城北隅（舊志建置）

前四四二年（六年庚寅）先是洪武二十八年福建分設福寧建寧兩道福興泉漳道隸福寧自東北以次而南建延邵汀道隸建寧自西北以次而南漳汀極南最遠福寧道巡止漳州建寧道巡止汀州順天府治中龍巖丘昂奏設一道爲漳南道乃改建寧道分司爲漳南道分司（舊志蘇文李鑑新設漳南道記）

前四四〇年（八年壬辰）城成南臨大溪砌以石東西北並砌以甎爲門七

各建敵樓其上周城爲守宿之鋪三十有二（舊志建設）

前四三八年（十年甲午）旱荒（舊志祥祲） 前一年同知程熙重建振濟倉四所勸邑人郭鑑等輸穀萬餘斛至是發所輸振之民不知災（傳郵）

前四三七年（十一年乙未） 冬知縣蕭宏以縣治東西大街舊砌石子雜以瓦礫歷久殘缺失次遇積雨泥淖行者苦之謀易石版集募邑中大姓經營之時饑爲粥以食餓者使供其役明年夏宏以內艱去縣丞陳清治其事至冬告成（舊志藝文孫能新砌街衢記）

前四三六年（十二年丙申） 春同知程熙以舊志失修已久殘缺失次命知縣蕭宏縣丞陳清爲之續遂謀諸教諭孫能訓導鄭銘李鐺延上舍孔經諸生吳明林繁龔共成之（舊志孫能張誠序）

前四三五年（十三年丁酉） 冬溪南賊鍾三黎仲端等嘯聚劫掠巡按御史

戴用勤之朱克（舊志疑誤）

前四三四年（十四年戊戌）詔起右僉都御史高明（明先以被老告發）捕治明行縣招撫流亡計授副使劉城擒仲端等十一人餘黨悉平（舊志疑誤）明因里民廖世與等之請以溪南太平金豐豐田四里去縣治三百餘里地方廣濶治理不周乞添設一縣管理乃與巡按閔佐鎮守盧勝會委副使劉城參議陳濲相度地勢議於溪南五圖地名田心開設縣治取名永定會勘上杭總計十里五十九圖田糧一萬五千九百餘石南以溪流爲界撥溪南太平金豐豐田四里幷太平興化二巡檢司分屬新縣惟溪南第三圖坐溪北與來蘇里相接太平第五圖與平安白沙古田里相接仍屬本縣又勝運共十一圖內五六二圖與新縣相接應屬新縣計新縣得勝運二圖溪南

五圖太平金豐豐田各四圖凡五里十九圖田糧五千八百五十六石五斗六升九合五勺爲裁減衙門本縣得在城十三圖勝運九圖來蘇四圖古田白砂各五圖平安二圖太平溪南各一圖凡八里四十圖〔其後弘治五年白沙省圖一勝運增圖一嘉靖十一年古田省圖一勝運又增圖一仍四十圖〕田糧一萬一百二十七石二升五合九勺爲全設衙門又勘明上杭管轄里圖內有郭明德等田糧坐新縣界新縣管轄里圖內有箇惟時等田糧坐本縣界照延漳二府分設漳平永安二縣事例田地交雜准梅花分管彼此買過准互立寄莊永爲定規〔舊志界程〕

前四三一年〔十七年辛丑〕鍾三復起剽掠義民吳海率民壯擒斬之進戰于峽頭之麓伏發遇害〔舊志寇變參人物〕

前四二七年〔二十一年乙巳〕夏淫雨山水驟溢鄉中民居多爲所壞濱溪村

上杭啓文書局承印

落漂蕩尤甚田苗淤沙人畜多溺死（舊志校祥考異郡志作成化二年注云省志縣志皆作）

二十一年

前四二五年（二十三年丁未）勝運賊劉昂來蘇賊溫留生糾武平箬朵丘隆等數千人（康熙武平志作符及鄧國材病書作糾武平所千戶劉寧佃人丘縣峰據下官三角悬隆乃寧之佃人賊）攻掠江西石城廣昌信豐廣東揭陽等縣殺官劫庫三省奏聞（舊志寇變）先是漳南道專理汀漳惟設分巡未有兵備名至是議請設兵備一員駐上杭兼理分巡事詔以按察司僉事伍希閔任之（舊志藝文范格）（漳南道題名記）希閔前巡按御史伍驥子（舊志名宦）分巡漳南道駐縣自希閔始（舊志職官）希閔檄府知事周琛指揮劉廣督驍勇李福瑛等率民快擒三酋餘黨以次悉平朝遣刑部郎中鍾洪臨縣審錄悉梟於市（參舊志寇變及人物）

前四二二年（孝宗弘治三年庚戌）溪南三圖鄭錦住居永定因本縣增設兵備衙門役繁謀將戶田割屬永定避重就輕稱分縣時官府未經覈覈妄奏勘官覆之涉虛抵罪（舊志界糧按杭永界糧之爭自此始）

前四一九年（六年癸丑）知縣徐綬修縣志（舊志楊萬春續修序稱延綏置縣序按徐志成於癸丑稱修志時尚得一冊別有伍志馬朝有序亦作於癸丑府志風俗引伍志云云當即同一書也）

前四一七年（八年乙卯）來蘇賊劉廷用張毓（考異汀志及郡國利病書俱作張敏茲據舊志）陳宗壽等聚衆攻劫江西瑞金會昌寧都轉掠廣東程鄉等縣就任陞廣東左布政司金澤都察院右副都御史節制江西廣東湖廣福建四省統轄汀贛潮惠等八府地方（按度要所轄贛南韶潮惠汀漳郴為府八為州一為縣六十四為衛七為所二十八）俾專鎮於江西贛州比照梧州中制事例以撫捕之八月澤蒞任悉平羣盜奏每縣添設巡捕主簿一員（按舊志載官主簿正）

德元年鐵職專捕盜參郡國利病書

前四一五年十年丁巳副都御史金澤奏薦伍希閔再備兵汀漳希閔前以憂去時服闋已補廣東僉事遂自廣東來縣參府志里老僉呈來蘇等里保安砂布等處接廣之程鄉松源積年賊徒恃險爲亂乃募驍勇李福瑛鄧惟端等分布伺察擒賊首張鑑羅福興等五人又誘擒保安賊首羅景玹張景及砂布賊首鍾孟榮鄭繼稔廖廣富等十五人各正法羣賊始戢府志寇變

前四〇八年十七年甲子夏旱縣丞王獻臣禱之有應不爲災舊志校詳

前四〇五年武宗正德二年丁卯程鄉縣石窟砦按今之蕉嶺縣舊爲平遠縣之石窟都分立鎮平縣民國初改今名松源等處盜發程鄉人李四子乘機結黨倡言平糶郡國利病書抄糴貨物平價稻穀一時烏合之衆聞風蝟起巖前賊首陳裕挂坑賊吳顯會惟茂等挂坑

（以下據舊志賴思智傳增）應之遂分立二十營肆劫杭邑罹害尤甚（舊志寇變）環閩
廣之界悉爲巢穴六年汀州推官莫仲銘指揮楊澤均被執（汪應奎武
畧將軍祠記）福建鎮巡等官請征之朝命都御史周南巡撫四省諸郡
（郡國利病書）南請以有能就陣斬賊者賞以遷功（武畧將軍祠記）
前四百年（七年壬申）命三省官軍駐縣四面把截（舊志寇變）副使姚模楊璋鄒
穀僉事鄒賢皆至櫟邑冠帶賴思智爲前鋒拔東山寨排坑嶂破
懸繩峯歸官之被執者（武畧將軍祠記）各軍並搗其巢擒斬四子等招撫
脅從餘黨乃散（舊志寇變郡國利病書福建二同廣東七數正德七年正月提督都御史周南集各道兵來攻大
帽山諸巢賊乘之時江閩廣三省交界山谷賊首張番壇李四仔鍾聰劉隆黃鏐等聚徒數千流劫鄉村攻陷建寧寧化石城萬安
諸縣之解下民從僞官吏僭號稱王福建鎮巡等官請征之於是以都御史周南巡撫四省諸標南至會調集兵糧駐閩於正月甲
子江西兵從安遠縣入攻破巢穴八曰丹竹樓曰淡地曰雙髻曰黃竹湖口瓜山曰寒地曰領背撫斬賊首何積欽羅德清黃瑞拜曰）

上杭啓文書局承印

其從一千五百一十三名廣東兵從程鄉縣入攻破巢穴九曰大帽曰大嶺門完渭曰五子石曰十二排曰香爐嶂曰鵝篤角曰軍山筆曰貝子嶺鶴斬賊首李四仔張番坦劉鎮張玉賓頁滿保伴其從二千七百一十九名福建兵從武平縣入攻破巢穴八曰嶺前曰上赤曰中赤曰下赤曰懸繩峯曰排坑嶂曰黃沙曰大劉畬擒斬賊首謝得珠等二千四百一十九名計擒斬賊首從七千有奇俘獲賊屬千八百有奇奪回良善一百四十有奇賊仗三千一百有奇獲聞頒賞有差思智復以孤軍追賊於長汀之蠟溪四月一日遇伏援絕力戰死之武愍將軍祠記

前三九九年八年癸酉大旱舊志校辨

前三九八年九年甲戌大水至譙樓前同前

前三九五年十二年丁丑三月虔撫王守仁奉命平漳寇駐縣舊志時雨堂碑記於城南陽明門外作浮橋舊志津梁及重建浮橋記巖前餘寇劉隆等復熾守仁遣老人劉本義按本義勝運里南湖鄉人等馳往曉諭許其自新隆等感悔乞命餘黨悉解舊志寇變是年三月旱甚守仁禱于行臺雨日夜逮四

月潭寇平戊午班師連日大雨有司請名行臺之堂曰時雨守仁賦喜雨詩三章並爲記手書勒之石（舊志藝文王守仁時雨堂記）

前三九四年（十三年戊寅）四月地震（舊志校辯）

前三九三年（十四年己卯）六月寧王宸濠反虔撫王守仁檄道募兵策應巡道周期雍就縣募兵五千分委指揮劉欽永定知縣邢珣統率赴義先各省而至守仁嘉之會寧逆成擒犒賞令還（文成全書卷十七別錄九）

前三九二年（十五年庚辰）四月地震有聲（校辯）

前三九一年（十六年辛巳）廣寇林壬孜薄城巡道范輅以鄉兵禦之典史梁槊勝射殺二賊爲象洞鄉夫所賣敗於演武場民壯鄭穩等被殺後壬孜寇武平邑勇士張士亨殺之（舊志寇變）

前三八九年（世宗嘉靖二年癸未）僉事王俊民從師生請遷儒學於縣之東北

隅舊志典秩

前三八一年十年辛卯 正月賊首傅仁敬等十四人殺獄卒鍾賴端而逃尋捕獲伏誅寇變

前三七九年十二年癸巳 永定界糧之爭屢結屢翻歷經九次是春永人復爲是紛巡道梁世驃排羣議正之爭乃息明年知縣馬節錄構爭始末卷案爲解紛紀成梓之舊志藝文

前三七二年十九年庚子 巡道侯廷訓建青龍石橋於潭頭渡口爲犨十有九屋三十六間舊志津梁 明年復作浮橋於陽明門右水口同上

前三七一年二十年辛丑 溪南三圖賊楊世聰王五等四十人劫長汀境邑民李日杭應募勦之陣亡於胡坑鋪後世聰爲永定官軍所擒

舊志寇變

前三七〇年（二十一年壬寅）饑流移相望巡道王庭發倉穀千餘石分振之民賴以安（舊志儲邱志）

前三六七年（二十四年乙巳）溪南盜張文政朱子猴張日洪葛日旺等寇江西贛州殺指揮斯（考異汀志作斬）邦爵流刼歲餘巡撫虞守愚巡道鄭峒守備俞大猷授義民練弘丘遠崑賴榮祖等領兵襲擣其穴皆誅之（舊志寇發）先是榮祖弟榮昌榮德黨賊知縣汪應奎以義激榮祖榮祖先攻殺兩弟賊已平所獲馬匹兵備分各里甲牧養應奎均配無備（舊志名宦）是歲應奎增置預備倉七所（一附縣留倉之東西其五在各里勝運安仁寺來蘇鐵合寺白砂崇福寺華家亭白雲寺古田里延福寺）歲勸各里捐輸得穀就近貯倉上其籍于官以時斂之（舊志儲邱志考異舊志名宦作二十三年蓋應奎蒞任之年也茲從儲邱志）

界糧之爭自十一年勘正後二十一年又值造册永人復捏虛情

控巡按徐宗魯批道行府牒推官商璉問理璉聽猾吏偏斷將杭民孔學等橫加責治學等赴巡撫虞守愚告理批道勘正是年永人復控正經界事赴告署分巡道徐緯緯據舊册斷處詳申巡按御史趙應祥批准至是永人許泰九十有二叠經憲斷屢奉部題七經造册而衆喙始息（將志界糧）邑民爲立紀功亭於通駟門外（舊志古蹟）

前三六四年（二十七年戊申）巡道桂榮以學既遷罕登賢書集議仍移舊基檄知縣汪應奎先正廟門三十年知縣趙文同重營之（武志典秩）

前三五九年（三十二年癸丑）溪南盜葛用貴劉鳳爵勝運盜陳秀奇及大埔劉仝等流劫龍巖大田連城巡道梁佐督兵勦之用貴伏誅鳳爵等就撫諸生鍾易丘雯有招撫力云（舊志寇變）

前三五六年（三十五年丙辰）大水入城壞東街橋（校祥）

前三五五年（三十六年丁巳）民間譁傳有黑眚或言形如幅布倏飛至睒人眼目輒昏暈死或言暗室升利爪攫取嬰兒人家多置兒帷幕中四面圍守競鳴金鼓逐之夜常達旦及明年大水入城而溪南上饒勝運之寇連年擾害此妖孽之先見也（舊志紀異）

前三五四年（三十七年戊午）溪南三圖張四滿等起爲盜勢猖獗巡道王時槐提兵壓其壘散其餘黨因立撫民館（舊志寇變）館在溪南里三圖中心坪知府徐中行請於時槐命長汀典史王相督築之（舊志建置）以本府捕盜通判一員領機兵百名防守（舊志兵防）

上饒（按即今之大埔舊誌饒平爲上饒）盜梁寧入寇劫陳坑黃鋪間（此句據府志忠勇傳增）張璧秀應募爲卒長禦之黃鋪力戰而死兵備道爲建義勇祠（此句據府志兵戎增）周敎良被執不屈（二字據府志及舊勇烈傳增）裂屍從死者凡數人（舊志寇變）

上杭啓文書局承印

是歲四月二十三日洪水驟至青龍便門橋俱圮校祥

前三五一年四十年辛酉二月勝運里李占春者福瑛之裔世捕其地因歲饑率所部羅廷秀李廼暄卜廷詔張節等考異府志有張憲號縣志作恩傳兄憲誤貢嘉靖辛酉山寇肆掠寇集鄉人據保寨防保甲群力禦之寇無所得而去豈別有同姓名之人歟姑不取以平毅爲名衆至萬人劫永定連城署永定縣令考異原作同知茲據府志改黃震昌遣義民賴一鳳等招之不從兵備道金淛督三縣兵合勦永定兵自湯湖鼓樓岡進縣兵自安鄉半逕進連城兵繞賊後戰未決縣兵稍卻賊衆衝之死半逕者數百人賊乘勝抵南岡兵爭先渡溺死者又數百人一鳳等亦死於壘四月二字據府志補淛乃檄武平令徐甫宰邑諸生李琛持文告金帛招之占春等降而淫暴如故雙坑人丘廷盛與廼暄謀殺廷秀已而廼暄懼禍復構廷秀等反淛又遣

諸生李嘉言往撫賊脅不屈駡賊而死賊燄益張雙坑人丘明裕有女占春迫奪之明裕紿以親迎醉以酒扼殺之賊黨復勾廣寇攻殺明裕明裕二子守長守端請兵血戰迺陷等俱被戮追奔至廣界殲其遺黨（舊志載疑考異府志作四十二年又云古春山背人今考所居乃勝運里之塔田背府志誤）

六月上饒盜梁紹祿入寇鍾世陷妻丘細姑被執不屈死之（同前）

前三五〇年（四十一年壬戌）五月以程鄉縣豪居鄒之林子營置平遠縣析本縣及武平江西之安遠惠州之興寧四縣地益之屬江西贛州府明年正月還三縣割地止以興寧程鄉地置縣屬潮州府（明史地理志按舊志不載割地從平遠縣事以甫八月卻還故不書是以今地考之當在中都接近平遠界然鎮本名鎮平後成平遠所分）

前三四八年（四十三年甲子）饒平賊羅袍等五千餘人由箭竹隘突至肆劫城外村落男婦被殺七百餘人以積雨溪漲不敢犯城官兵逐之

引去（寇變）

大埔賊余大春程鄉賊藍松山二月合寇三河鎮蔓延閩之平和上杭六月還三河大埔生員張顯志在籍連使張子暘統鄉兵伏萬川峽中（今大埔北河境）要擊之賊多溺死擒數十人平和上杭兩縣會勦於銀溪尾銅鼓嶂獲大春松山械送贛撫吳百朋磔於市（舊州府志）

前三四一年（穆宗隆慶五年辛未）七月水圮東北隅城二十一丈有奇南城壞敵樓及外濠道自興文門至太平門三百餘丈（舊志校詳）

前三三六年（神宗萬曆四年丙子）六月戊子地震（明史五行志三甚志及府志俱不載史言福汀漳泉等府及廣東之潮陽縣俱地震是縣在其中）

築河頭城城在溪南里四圖河頭坪兵備尹校檄通判潘侃等督築之建府縣所公館凡三教場在西河背夫子山（舊志城池）是年並於

撫民館城建兵備行臺（兵防）

前三三四年（六年戊寅）　六月大旱知縣楊萬春率士庶禱之越宿夜雷雨大作三日乃止歲仍熟（祲祥）

前三三三年（七年己卯）　閩省通行丈量時居春耕知縣楊萬春集衆議以丈量不過豁糧之浮於田加田之浮於糧縣四千餘戶浮糧百石有奇莫若各戶計畝而補詳請守道鄭汝璧令各里甲自首無糧田以補其額民以爲便（舊志名宦）　時知府延郭建初修府志建初以郡中嶺避至邑萬春並以縣志屬之開局金山兩書皆成（舊志楊萬春續修序）

前三二六年（十四年丙戌）　大水壞田塘廬舍不可勝計平地水深一二尺舟行於市（祲祥）

前三一六年（二十四年丙申）　巡道王建中再正界糧知縣鄧良佐重建紀功

亭於通駟門外（舊志古蹟）

前三一三年（二十七年己亥）巡道金節議撤（按舊志有闕顯二字補盜通判駐撫民館今撫）捕盜通判令汀漳守備每歲撥哨官一員疊戍未幾武平營兵以更番爲不便武平令沈之奎條議謂三圖地屬杭宜戍以杭兵院司可其議遂抽撥杭營兵七十名屯守以爲常至崇禎後募三圖民爲兵得百名充之營兵乃撤戍（兵防）

前三一二年（二十八年庚子）八月二十三夜戌刻地大震（校祥）

前三〇六年（三十四年丙午）秋大旱（同上）

前三〇四年（三十六年戊申）知縣倪應眷重修浮橋（舊志津梁）

前二九六年（四十四年丙辰）淫雨大水民多溺死（同前）民饑各倉無儲積知縣李自華捐俸爲殷戶倡復詣府借糴於富室得穀米二千餘石振

之全活甚衆（舊志）

前二九二年（四十八年庚申） 大旱山田彌望皆赤地民大饑署巡道洪世俊捐俸幷贖鍰勸輸得銀七百餘兩就鄰縣穀賤處采辦行縣按期分振饑者沾其惠（同前）

前二九一年（四十九年辛酉） 四月大水入城平地五六尺衝壞城西南民居百餘間鄉民多溺死者三日乃退（府志校詳）

前二九〇年（熹宗天啓二年壬戌） 十一月大風揚沙（同前）

前二八六年（六年丙寅） 春大雪積二尺餘夏霖雨田禾多淹沒（同前） 知縣吳南灝請發倉穀振之不足巡道朱大典捐俸以助復遣標官赴贛州告糴商販四集始有起色（府志舊志）

前二八四年（思宗崇禎元年戊辰） 正月平遠賊襲一襲二襲三爲倡及蘇丫婆

崇化志云時武平之米坑砦賊首蘇阿婆竹篙猫花腰蜂等云云是蘇阿婆等乃武平人丫阿皆讀若鴉賴顛四花腰蜂黃滿梁和尙鍾成旺丘南轡劉勾鼻等數百人焚刼日熾三月巡撫朱欽相調指揮劉震百戶李中秀領兵三百會武平守備郭應元考異府志云三月賊攻武平縣弗克轉攻武平所署守備徐必登鍾撫陳應熊死之注必登前任纔二日此云郭應元隸武平縣志官師二人皆守備必登有傳云朱撫委所署兩路合勦震中秀至巖前賊潛遣人詭爲武平官軍稱應元統兵相候二將信之遂前進賊分左右翼圍住官軍鏖鬬二將皆爲賊礫死四月守道黃象恆委把總韓應琦等分領漳兵四百六十人許勝劉漢廷領三圖兵三百四十四人進勦漢廷刺殺賊首龔二賊潰遁奪獲馬匹甚多舊志參攷

是月大水壞興文門城二十餘丈存祥

五月巡道曾櫻舊志不載何人據名宦傳朱大典已調任茲從職官志補偕知縣吳南灝督領

守備張問行浙兵千人百戶韓應琦曹經許勝等兵千餘人至上墩象洞等處分營犄角散諭脅從二千餘人及戰大敗之於銅盤嶺斬級九十餘生擒三十餘獲器械無算遂直抵員子山石骨砦梅子畲等巢悉焚之餘黨遁去

六月賊寇會昌都司甘燿率百戶曹經等統兵分截經遇賊於東流坑接戰水衝急跌石溜中被賊搤殺把總朱球哨官羅應時馬萬宗及官軍死者數十人

七月賊攻安遠會昌遁歸恐杭兵截歸路聲言將取道藍屋驛攻上杭知縣吳南灝測其詭計先率三圖兵兼馳至中堡閘賊既闖武平乃從小路當風嶺直抵城下已踰二更賊驚宵遁南灝麾許勝等追至中赤地方斬首百餘生擒數十人賊蹂踐死者尤衆

十月巡道曾櫻檄知縣吳南灝督三圖兵至象洞中軍守備李鐸領營兵先到賊從小路突至官兵驚潰鐸急下馬讓南灝曰某戰死沙場分也公全城倚命須急去南灝因疾馳馬又為賊礮所傷哨官黃祥以馬易之乃得歸鐸步戰格殺數人力竭為賊所殺哨官周以嫻洪萬餘日者馬逸山皆遇害三人據府志補

十一月十七日賊自佛子岡來如蟻屯聚教場中次日求招安當事佯許之城中居民盡憤巡道曾櫻乃手書牌招兵時賴思養及温子魁共率千餘人賴君選丘汝華李朝育亦率數百人叩轅門願出殺賊櫻授思養等方略率兵自榕樹門出繞城東直趨教場賊不及備許勝挺身入一賊來交鋒殺之劉漢廷殺一賊葛廷龍殺一和尚城上喊聲如雷賊敗走官軍追殺甚衆至雷公寨日晡

兵還獲器械輜重無算案傳餘悠李破方家狀是役斬獲二百餘惜西域鎗閑獨後增栽精遲賊降舟逸役嘯聚員子山公曰賊勝難落不乘勝掃穴終爲隱憂乃請命三公如潮請兵

十二月巡道曾櫻先期命舉人李魯貢生詹彌高赴潮州請兵備道謝璉會兵搗巢許期還報乃令典史李日瀚密召象洞鄉兵至十四日知縣吳南灝勒兵至南巖寺武平知縣巢之梁率象洞兵千餘亦至次日兩縣督指揮張大倫嚴明及賴思養溫子魁等分別搜勦斬獲數百人經一巖孤懸如燕巢賊匿其中主簿顧所行投火薰之賊沿巖走急以銃擊之斬首十餘級復燒田墨逕搜南坑尾野豬窠等巢賊首謝和尚鍾書公劉尖鼻皆擒斬參以府志云巡道曾櫻搗賊魁凡巖前象洞來坑碧葉溪鄉悉毀之李化志花萊作詩以云無少長悉毀之注云據竹溪溜口供彼處無一非賊故曾公抄之按杭令勒兵南巖寺時未築城即巖前也又令典史召象洞兵武令且率象洞兵千餘入疑所謂巖前象洞無少長悉毀之者

非事實茲不取餘遁入員子山復遣張大倫李國英等同廣兵四處把截，賊皆入石巖設木柵自蔽大倫等以火攻破之死者過半舊志寇變府志云縣岡嶺有衆五百人平遠金知縣誘殲之

前一八一年四年辛未平遠賊鍾淩秀與弟復秀聚千衆於連子山銅鼓嶂家化志注云放興國惠州之間有銅鼓九連山其中延袤數百里小徑穿插數十餘可以透汀之上杭武平可以透江之贛州南安吉安及湖廣之郴衡若南雄惠州則其附近出沒之處郴州則其巢穴也官兵不能得其要領故終不能大創之虔族之殿逮贛四省上杭兵道救賜旗牌乃偷安養寇歷涌其民如虎食虎據洪賊福提兵敘汀未見一賊而取各縣出征路費以班師辛未之陸問禮受命來鎮撫廣賞展半營巡道顧元鏡至以合箱取酒也可笑也二月賊掠永平寨按屬武平殺官軍二百餘守備千百戶把總皆死旋紫黃蜂隘按屬長汀知府林聯綬調兵禦之指揮嚴明被執千戶劉堯百戶張機不屈死嘉志注嚴明得軍心斷軍頗和月俸四百兩林守又貸庫金三百兩贖嚴以歸旋奉旨逮戍林罷職三月二十七日賊突出

瑞金緊南門岡爲鄉豪江振禱按原隸上杭移隸瑞金舊縣二志皆入舊志縣志移入孝義而以賊攻瑞金爲攻杭實大誤僧守貞所敗盡棄輜重徒手趨還楊家巷聯綴懲前敗不發兵堵截賊復收殘孽整隊而掠高梧二月以下參寧化志三月知縣陳正中率兵合勦時總兵謝弘儀屯高梧與賊對壘被賊殺傷百餘人巡道中軍守備吳奇勳按府志寧志州無此入千總林應龍指揮黃按府志寧志作王應官張大倫把總賴思養賴君選曹綍王國佐皆死于陣次日許勝督戰不利巡道顧元鏡復遣指揮章某汀州應襲把總張耀接戰章聞敗先竄張戰死巡道以下參寧志注云巡道不正章法僱細打如常野仍令掌印張不聞有旌賞賞罰悖謬如此官軍又傷百人三圖把總陳大策陳萬振童縉皆死之舊志寇變按縣兵防志云崇禎元年寇警廣告巡道顧元鏡與知縣陳正中議以三圖兵彈險實亂宜募爲兵使之勇於公戰因稱有名充之據職官志正中二年任元鏡三年任丑死難者即此兵也

九月凌秀等復聚石骨砦巡撫熊文燦駐縣檄參將鄭芝龍守備鄭芝虎勦之張志寇變府志寨志均分注云時賊合杭武徑出廣東毀始興縣破之獨奮告急事冒總熊會韓廣兩院會勦熊乃專檄芝龍殺兵駐杭然　十月芝龍師駐三河壩督官兵搗賊巢遇賊于丙村斬馘三百餘人次日賊迎戰又斬馘三百餘級陳一總乞降不許並斬之焚其巢而還寧志府志同考異十月以下舊志但云凌秀就撫寧志府志均繫之五年今從之

前二八〇年五年壬申　鄭芝龍追賊至石窟砦鍾凌秀以賊二百受撫寧化志府志同

二月凌秀弟復秀叛聚黨五百餘人考異府志寧志均作三百　焚掠藍屋驛復六字據府志寧志增　由綠水潭至迴龍岡刦毀民居巡道顧元鏡遣把總許勝百戶賴其勳等禦之其勳先至高毛溪餘兵觀望不進勝營

中俄發一礮賊黨分翼截遏其勳孤軍無援血戰死之舊志家志注初當道孫以復秀蘇千八闖芝龍岳海上復秀疑投順安插故慮當道以此縱回測逢執渡秀斷其右臂禁賊殺兵閉仍秀仍秀謂附而出熊院亦以受降爲丁局八月撤兵巡關九月顧巡道同總兵陳廷對各搜剿銅鼓嶂逸子山松源藍坊等處乃糾兵　考異家志於其勳戰死下尚有一條云謝志良追兵亦委戰敗死者百人顧明詔亦陷陣死注賴顧負時名巡道朱大典會師樊之分員帶兵防海皮个入援京師其祖即平倭立功汀懼寧志志良小遠人與蘇阿然等爲擊應賊撫于惠潮道官以把總明詔之死謂志府志內不敢云其祖平倭立功與見食於朱大典即其勳也疑家志誤

八月虔撫陸問禮移鎮汀州以汀州同知黃色中偕巡道顧元鏡總兵陳廷對屯程鄉九月搜銅鼓嶂員子山松源藍坊等處斬賊鄭蛟精九良星等一百三十級生擒郭和尚水龍蛇等一百八十餘名十一月巡道設太平宴於演武亭按志設宴家志注云賊既大挫乃從嚴坑焦坑屯古城出壬田寨抵黃石鎮下趕所擄男婦各批票棄賊壘金把總江振熙偕守貞各率兵追及守貞恐江兵分其功先衝賊鋒偕兵

賊分五隊以二隊綴之三隊渡河邀戰僧兵死途宇守貞死焉江閩兵敗而返賊亦趨雩都三鄰境由興國出吉安安福永豐從樂安宜黄直抵崇仁破其外城大肆焚戮至六月還至永豐牛岡嶺爲廣兵掩殺殆半然多爲所掠而賊首鍾復秀同五百餘黨復遁閩巢穴旋興揭陽賊張文彬連合侯總惠潮間汀州俞安者數叢復秀竟遁誅戮陸庶撫綱巡遣不能遏其歸路之過也

是年冬因廣寇四出剽掠巡道顧元鏡允同知黄色中議以嚴前地當要害築城控禦之明年冬城成舊志兵防又云城成遇撫熊文燦備詔勸閩奏請以把總李魏英所領兵三百名移屯其地部議別統以欽依守備一員九年知府吳世福巡視其城中盧舍無幾委典史王賜爵分畫一衙衛平浩坑墾度地分給鄉民令各營建爲居已所布政使播藩春至役撤知縣處置能建營房招民居之漸有生聚可使爲保障按嚴前武平帷幟所築城時知縣陳正中派撥魁春郭之琪等卜二人往待役見舊志載志又發建兵房民居所委典史知縣皆屬于坑者丘所發所晴戊辰庚午寇犯械城其聚嘯出沒實由在地故也舊志蠡文載斥衍其邑侯澗叟縱剿發堡碑記今較入文苑傳

前二七八年七年甲戌秋七月大旱知縣盧躍龍禱之大雨數日苗半槁者仍結穗防志校詳

前二七六年九年丙子 三月霪雨大水同前 四月江贛間遏糴台郡米價騰貴斗銀一錢八分知府唐世涵請於贛院弛其禁瑞金會昌粟始通價平至斗一錢並檄八縣勸富室發廩相濟民乃蘇盛志饒師

前二七三年十二年己卯 五月初旬地震有聲自南而北校祥

前二六九年十六年癸未 十二月大雪同前

先是調汀州衛右所官軍一千一百二十名駐縣後漸裁減至是營額僅三百名巡按陸清源增募鄉勇五百五十名明年知縣羅萬藻復募三圖鄉勇二百三十名總為新兵餉皆取給於河稅舊志

寇變

前二六八年十七年甲申 三月闖賊陷京師帝崩福王立於南京

是月朔王壽山賊突入鄉保殺人掘塚擄掠男婦人心震動投城

自全（馬志藝文羅萬藻請協濟軍餉文）

四月賊首張恩選（饒諸發熊家蘇里人）鍾雲龍鄭滿子游細子等剽掠上墩諸處官軍戰於寶坑（按在松源境）威遠營（按府志在長汀縣治左本陸汀營後改爲威遠營）守備李國楨上杭副中軍許紹美死之（府志寇變）

六月十六夜勝運里雷電震閃不雨而水從石山出溪流橫溢頃刻平地丈餘到處皆有火光男女溺死者五千人漂蕩廬舍衝破田塘俱以千計（校祥按清初南湖劉英范正國之叢師所撰筆記南湖數姓全村被洪水沖去僅存十餘家又藍溪初由安仁寺前經銀巷直趨觀瀾齋而下後改向東由東縣口繞厚業角丙趨王坑口乃折而南流據父老言即遺此洪水所改）

七月張恩選復掠黃坑河坑諸處巡按御史陸清源檄道三圖兵許勝葛登標等分勦殺賊總鄭滿子楊和尚等時村落俱無樓堡

賊沿鄉焚刦來蘇勝運白沙古田諸里無不殘戮十月恩選台江
西瑞金安遠長寧羣賊數千由藍屋驛一路刦掠巡撫張肯堂以
十二月抵汀州以寧化知縣于華玉監紀軍事（此句據家志增）遣游擊張
一俊陳天榜等分兵尾擊自除夕前二日至元旦後五日馘斬賊
魁數十人恩選乃就撫（舊志寇變　考异傳志云恩選就撫將包家乾乞降尋散遣歸寧志注云時有客說知縣于華玉曰張賊家累在杭欲其進退趑趄必可撫用今張撫軍提師蒞汀公必監紀軍事首當招撫之于從客言張果就撫于復招撫土寇閻文龍勒為一軍率師南下至九江為左兵所抑軍遂潰竄復志所云散遣歸者非也）

前二六七年（弘光元年乙酉）五月鄉兵賴漢廷等十二人刦來蘇里知縣羅
萬藻擒置之獄其黨練勝龍擁衆二百人臨城脅保張恩選舊部
狼頭星內應之萬藻誘執勝龍及狼頭星出漢廷于獄皆立斃之
民得安堵（舊志名宦）

是月清兵入南京閏六月唐王立於福州改元隆武

十月巡道于華玉率所撫張恩選甯文龍等援歸化賊退以捷聞（寧化志　府志職官無華玉名鼎革之際府志刪而不書此茲據寧志補寧志注云時華玉入閩由職方擢上杭兵巡道及是仍率所撫張恩選甯文龍援歸化賊逆戰前鋒乘勝追奔爲賊所敗賊至城下乃返次日鄉兵七百餘至賊知夜遁華玉歸布敘功擢兵部侍郎明年爲田仰兵所執以賂得釋）

前二六六年（隆武二年丙戌　清順治三年）七月張恩選復煽合葛登標糾集廣寇

黃九萬何新登張秤錘賴若乎（按賴若乎名其信號平浦生字本作若夫通鑑輯覽順治四年八月桂王東閣大學士陳子壯以兵犯廣州下云湖陽鎭共肯等先後舉兵即此人也疑因明年而誤姑記於此）等數千人

圍城巡道傅天祐悉力守禦以諸生黃中龍參軍事時城中民高

道化通賊申龍詗知誘殺之并殺奸黨百餘賊未退夜半襲東城

城上大銃突發斃賊前鋒及驍勇十餘人（府志寇變）會職方司主事李

魯自行在奉敕辦屯練返汀汀帥周之蕃促赴杭解圍魯投檄諭賊營並函屬申龍固守待援魯至恩選就撫（參續餘集家狀寒支集聯方家傳）

八月庚子帝奔汀州壬寅晦駕陷汀州入於清九月五日清兵入杭在籍兵部主事李魯諸生鄒宗善死之

十月謝志良賴若孚等縶畬公案四出焚劫軍門李成棟臨縣勦殺夜半遁（舊志寇變）

前二六五年（清世祖順治四年丁亥） 正月張秤鍾等復至官兵勦之黃田水坑間賊假裝鄉民誘兵入伏中遂敗掠去塘尾婦女及殺傷居民凡數百人（同前） 四月大雨雹秋大旱（舊志校祥） 苗已秀者半槁（舊邸） 七月賊復掠水埔玉女鄉等村民居皆被焚燬九月縶畬屋驛悅洋劫金山（寇變） 是年鎮江何應佑奉明裔宜春王至福員山圖舉事知李魯已

上杭啓文書局承印

殉難作詩哭之後不知所終（續錄集附錄） 始設鎮汀州分駐縣防改布政分司爲右營游擊公署（舊志公署）

前二六四年（五年戊子） 正月廣寇黃九萬劫掠梅溪寨上圓山又陳坑黃鋪等處羣賊嘯聚立鴛鴦寨探覘河下貨船及陸路過客肆劫四月巡道張嶙然游擊賀國相督兵擒殺數十人賊焚巢遁去（寇變考 異趙志寺觀諸院類志祠祀三將廟下九岡姓者作王且竹屯繫應豐不但據杭北矣） 三月大荒斗米銀一兩二錢民情洶洶嶙然勸殷戶量力捐振或數石或二三石不等義民黃鍒獨捐米一百餘石於西郊蓋廠煮粥以濟饑者全活甚衆（蔣志儲郵） 六月夏紫金山大水冲去五龍寺藏經樓並三天門但未傷人（蔣志校祥）

前二六三年（六年己丑） 張恩選踞來蘇大帽山葛登標踞溪南三圖襄華

國蘊踞白砂華家亭號投誠仍聚衆自固恩選尤猖獗（舊志寇變 舊志藝文載丘夢鯉代兩庠公致龔巡道傳公書有云遙傳師臺與兵屯於大埔又云所部如饒江張萬之輩亦在行間是當時張萬輩固有從中號召之者傳巡道即傳天佑）

前二六一年（八年辛卯）先是邑諸生薛應吉父被賊擄因繪下逕十三營頭地圖兼獻勦策於巡道趙映乘適巡撫張學聖巡汀隨駐永定計擒蘇李廖三巨憝道之法過杭映乘密發各逆狀手揭十數上力請勦之（按舊志寇變志云映乘捻杭民劫獄圖上之）學聖命游擊高滿敖賀國相以應吉爲鄉導率師勦之渠賊懼遁復勾引流寇入侵里之諸選閩里騷然應吉倣古團練法且戰且守恩選竄走平和之烏石洋爲鄉人火礮所燹（舊志藝文趙映乘龍文會序）殄標國蘊及恩選所設頭目二十餘人遣邑諸生丘之麟招諭之皆就撫縣境肅清（舊志寇變按設恩選旋撫旋叛縣）

上杭啓文書局承印

十許年爲山寇中之梟桀據聽文會序云汀杭邑治之南來鄉里之下逕距邑九十餘里張恩選嘯衆其間豕突鴟張專流江廣杭人苦其害者幾二十載下逕卽下半逕以別於勝運里之上半逕也恩選寇城始於崇禎甲申至是首尾八年而云幾二十載蓋積久而後累發也

前一二五九年 十年癸巳 鄭成功入漳州 按成功奉明室用永曆年號 遣總兵萬禮統所部紮古田聲言將攻縣城巡道郁之章會同游擊張國棟集營兵士民於演武場之章馳檄喩之禮知有備引去 舊志名宦郁之章傳

前一二五六年 十三年丙申 正月大雪三日鋪地深二尺許 舊志校詳

前一二五五年 十四年丁酉 大有秋 同前

前一二五一年 十八年辛丑 總督李率泰安插海上投誠總兵蔡祿弁兵八千餘人 考異舊志藝文徐乾學游普陀山記於時正値招徠山海之降者投之官俾率部曲以三千計上杭卽此事此云八千餘人疑徐記爲實 至縣軍民雜居人情惶懼邑紳莫之偉等倡率合邑

里民糾貲改修千戶所（按千戶所時已裁）爲衙署其軍器局在所東之北門街左右爲房各五間軍營房與所治相附分東西以居之餘就東北兩郊曠地造官舍兵房千餘間兵弁驕縱時爲民患至康熙四年調駐衛輝去民乃相慶（舊志維志參公署按疑爲郎氏銅山都督寧泰律清授左都督加太子太保仍給三等阿思哈尼哈番世職八次見康熙東華錄順治十八年後爲江南江北總兵官謀應吳三桂被誅在康熙十三年）

前二二五〇年（聖祖康熙元年壬寅）茅滌峯賴丫婆等賊起擄掠高梧等鄉知縣封珂檄邑生薛應吉統鄉勇攻破其巢斬丫婆等奪回所擄男婦餘黨悉平（舊志寇變參人物傳）賊劫中都寨破之所獲婦女皆露刃逼就道鄧挺生妻劉氏不屈死之（丘嘉穗東山草堂文集來蘇二烈婦傳）

前二二四八年（三年甲辰）十月彗星見（舊志祲祥）

是歲裁分巡道併分守道仍駐縣明年移駐漳州六年并裁據志職官

前二四二年九年庚戌　七月大雨雹如拳卵墜地不破以下皆舊志校辨

前二四一年十年辛亥　歲大熟斗米銀四分

前二四〇年十一年壬子　四月地震

前二三九年十二年癸丑　正月大雪三月霪雨大水七月大風倒漳南道署前石坊折大松樹

前二三八年十三年甲寅　耿精忠反於福州授原任汀州副將劉應麟為懷遠將軍駐杭游擊尹雲龍為副將李標桂柯治按十五年跳城走見下　以僞職相繼至杭應麟行縣派餉逼勒之威民不堪命據志寇變

前二三七年十四年乙卯　流寇復起攻破來蘇里下都之鄭坑民婦何氏被執不屈死之東山草堂文集來蘇二烈婦傳

巡撫楊熙偕尚之信等領兵入閩九月廿九日克鮮水關十月六日擊敗賊衆復永定城東華錄　屠之乾隆永定志　按永志載報恩祠記云欲在康熙巳卯遣屠城之慘不詳原委亦不載揚熙復城事蓋清兵恨其從賊於復城時屠之也是時汀屬各縣若何誌志及府志俱未叙及府志兵戎門載叛將劉應麟索民助餉十五年五月二十日叛將劉應麟結海寇陷汀州長志於十三年下卸據十五年應麟復通海寇是十四五年間應麟必有乘汀之事否則府志何以書陷書志何以審復通乎兹據東華錄補書之雖非邑事足發考證

十二月大雪舊志校詳

前一三六年十五年丙辰　劉應麟復通海寇吳淑按東華錄黃芳度奏鄭錦陷漳州十四年十一月二十日總兵官吳淑等引賊入城　薛進思等爭踞汀州受奉明伯偽爵舊志寇變　五月二十日陷汀州府志兵戎　應麟駐永樧杭取大磜邑紳林鷟峻拒之舊志人物　九月康親王傑書統兵定閩雲龍反正淑進思敗於邵武按康親王遣人招撫耿精忠未至精忠黨邵武進吳淑乘勢取邵武城復犯延平官兵大敗之偽武定將軍彭世勳以邵武府降詳東華錄

同應麟奔杭邑生薛應吉五字據舊志人物增率合邑人堵塞城七門以拒之柯治鷟跳城而走應麟走潮州死淑等仍遁入海舊志寇變按鄭聯奔杭舊志不載何時府志云十二月二十三日大師至應麟自焚其居而遁至杭當在歲杪矣

前二三五年十六年丁巳六月夜五穀星見舊志校詳

前二三四年十七年戊午復設分守汀漳道駐縣舊志職官冬大雪是年大熟舊志校詳

前二三三年十八年己未知縣甯維邦因十六年上南門崩一十二丈餘今年下南門又崩八丈餘特修築之舊志建置

前二三二年十九年庚申先是康熙初年廣寇古端周良珍結黨踞程鄉武平上杭三縣界之山洞潛劫行旅啾逆之亂兇燄益熾每乘夜刼村落擄男婦索贖婦女稍姿艾者輒拘留不出至是守道周昌

捕治之二賊皆就撫（舊志寇變考異據志錄文丘嘉穗與鄧明府蕭參戎論洞寇書云武平之古縣周楨剿掠三省既周楨即周良珍則非廣寇也）

是歲四月大水十月彗星見（舊志祲祥）

前二三一年（二十年辛酉）四月大水溢入城門七月十七日雷火焚擊南城樓秋復旱（同前）

前二三〇年（二十一年壬戌）四月大水入城至黃仙師宮前秋禾仍熟（同前）

是年裁分守道歸巡海道（舊志職官）

前二二九年（二十二年癸亥）十一月大雪平地尺餘（祲祥）

前二二八年（二十三年甲子）廣寇古端周良珍就撫後仍橫行是冬劫三圖邑生張殿楊家擄塾師程鄉諸生謝煊及學童張學逢等六人知縣蔣廷銓與游擊楊輔鼎陰令壯丁易裝察之新歲元夕後三日

偵知二賊在巢薄暮遣把總陳進率兵馳六七十里與壯丁夾圍擒二賊出所刦七人於土窖中二賊旋斃於獄節舊志寇變按遺志文太煩冗今存之而削去其繁詞

是年大熟舊志校詳

前二二七年二十四年乙丑　三月不雨至五月山田皆坼裂不得耕種知縣蔣廷銓率邑紳禱之旬日間大雨霑足歲仍有收同前按此條亦舊志如是已云三月不雨五月山田皆坼裂不能耕種何以歲仍有收乎非前之故甚其詞即後之自護其過蓋蔣令修志有所文飾耳

前二二六年二十五年丙寅　九月諭戶部福建地方昔年爲賊竊踞民遭苦累所有二十六年下半年二十七年上半年地丁各項錢糧及二十五年未完錢糧盡行豁免十一月部文到省行縣舊志傳郵

前二二五年二十六年丁卯　知縣蔣廷銓重修縣志告成舊志序

前二一七年（三十四年乙亥）溪南鄭得敬糾廣寇嘯聚陽逕山（按即王簪山）潛往來江右劫掠行旅商船客貨是歲返山衆已踰千聲言將攻永定邑令楊岱游擊范永率官兵鄉勇抵賊巢先令民壯前行未至境得敬乘轎甫出門爲劉姓礮斃官軍至圍巢縛得敬弟得觀并家屬到縣詳憲分別處死餘黨悉解散（舊志寇變）

前二一五年（三十六年丁丑）旱荒斗米銀三錢（祲祥）

前二一三年（三十八年己卯）大有年斗米五十文（同上）

前一九九年（五十二年癸巳）三月二十七日大雨雹四月二十七日大水民居多衝圮五月十七日又大水平地深八九尺壞西南城三十餘丈（考異舊志建設作一百一十七丈）民居衝圮無算（同前）知縣周宗濂倡修未成復崩（舊志建設）道署正堂墻垣俱圮僅存頭門及中後二堂（舊志公署）

前一九八年五十三年甲午 始開學前門名曰登瀛同前

前一八九年世宗雍正元年癸卯 七月十九日大水入城深六七尺不等房屋多衝圮校祥 西門及南城共崩三十八丈又裂壞五丈餘據設

前一八六年四年丙午 春夏荒上年廣之潮州疊雨無收因是客販俱來杭糴運累及騰貴斗米三百錢次年春仍薄收五年斗米二百八十文趙志詳異考異趙志儲郎例不載發振以志儲郎云斗米價至五錢知縣捐穀成詳發倉穀振濟而校詳云又荒斗米三百文不知當時錢價每銀一錢易錢六十文歟抑紀載之參差歟據趙志詳異本作三百故從之

前一八五年五年丁未 春米價仍貴詳覆發倉振濟之顧志儲郎校顧志校詳價同趙志

前一八四年六年戊申 大有年斗米六十文趙志詳異

前一八三年七年己酉 大有年斗米五十文同前趙志云正月大雪

前一七八年十二年甲寅 移縣丞駐峯市明年將撫民館官房與武舉黃

命圭換九坎石地爲公署（舊志公署）

前一七七年（十三年乙卯）正月立春大雪平地深三尺許（舊志）

前一七六年（高宗乾隆元年丙辰）知縣錢廷鏞詳請將雍正元年崩城動項修築（舊志建置）

前一七二年（五年庚申）閏六月廬豐等處水災衝倒居民房屋四百餘間知縣史圖詳勘請振復捐給口糧秋旱（舊志校詳）

前一七一年（六年辛酉）知縣史圖增置常平倉十間收貯監穀又捐俸倡合邑紳士共捐社倉穀一千一百五十餘石分貯備振（舊志儲卹）

前一七〇年（七年壬戌）春旱至立夏後四日始雨米價漸昂知縣史圖捐俸命邑人往江廣糴穀三千餘石平糶秋薄收至次年斗米幾三百文（趙志詳異云二百八十文）圖詳請發糶常平倉（舊志校詳卷儲卹考異續志校詳紀史圖捐俸告）

上杭啓文書局承印

謹在是年夏不紀發課倉穀儲郵志並系之次年下今彙修之

前一六九年八年癸亥知縣史闓捐俸修葺城垛一千六百三十三口建置

前一六七年十年乙丑知縣梁欽增置常平倉八間收貯監穀儲郵

前一六六年十一年丙寅詔免本年錢糧行令業佃四六分沾瀨溪佃戶羅日光等鼓衆勒令業佃四六分租業主鳴官日光等毆差拒捕復糾黨積石列械把守橫坑知縣梁欽會同千總盛斌把總童元帶兵協拿日光等公然迎敵鳴鑼放炮擲石如雨盛斌等攖鋒而前擒其兇首羅日　餘黨竄散旋緝拿羅日光羅日照解審依律擬罪奉旨從重究處舊志採還　趙志審首典讓載乾隆十一年八月上諭佃戶應給業主的給捐額文一道在不錄

九月彗星見連三夜以下舊類志校祥

前一六四年十三年戊辰春旱夏末又旱秋歉收

前一六二年十五年庚午七月地震

前一六一年十六年辛未荒斗米二百四十文荒趙志云上年蘇堤供水嚴潮夏秋三遭海沒無政備杭無志故上秋九月斗米尚一百一十文迨初冬市販至遵新長趙十六年夏末斗米至二百四十文又兼饑價騰貴各處供

前一六〇年十七年壬申荒夏間斗米已三百文秋大熟價減過半志趙云二三十文一斛不學邑令趙成鹽則肝口仍平價七文倉米定價斗一百三十文自二月纔至六月逾閏六越月上年米貴至秋始減本年春江右苦饑汀郡米湧貴夏五月杭米亦湧貴斗錢三百文杭苦貴米無廠乳者邑令趙成捐貲赴粵采貴不斷定價一百六十文仍然富戶反其蓋錢多寡記使減價糶濟秋大熟價減過半

前一五九年十八年癸酉知縣趙成修縣志成

前一五四年二十三年戊寅知縣顧人驥重修縣志序稱趙侯所修經杭人指駁不惟小節有遺卽鉅典亦多訛舛云

前一二八年（四十九年甲辰）孔廟大成殿兩廡傾頹知縣恩古達倡率邑人重建並修尊經閣忠孝節義各祠以餘資分撥城鄉建儒業祠培英堂（據刊與秩考異據序云一杯集四鄉培英堂記云祠之建也以乾隆癸卯移學宮而起議是當作前一年）

前一一六年（仁宗嘉慶元年丙辰）西城崩十餘丈知縣諸明阿勸捐修之（據刊城池）

前一二一年（五年庚申）大水城中西南隅深四五尺舊戶及園圃土墻倒坍數百處（吳樹梅壬寅水災紀異）

前一一〇年（七年壬戌）歲試杭學索卯禮甚苛廩生姜鵠羅豹南執學政全書與爭被革合邑公憤乃捐金置業規定卯禮額數由合邑公送並倡建百穫堂（據採訪冊）

前八十一年（宣宗道光十一年辛卯）通濟門城崩一十二丈五尺知縣李新畬倡捐修復後二年東平門城復崩十丈修亦如之又三年通濟門

西邊城復崩十三丈有奇邑紳謝天香倡捐修之(舊刊城池)

前七〇年(二十二年壬寅) 七月七夜大雨八日午後水漲城中深至丈餘十一日始退盡東西南民居墻皆倒塌死者數百人四鄉被災尤甚舊縣張姓八十餘口全被淹沒爲從來未有之奇災知縣李新畬煮粥以振並申文請郵帑金萬餘明年春署縣陸友仁復請振如前(下有水災紀異按莫太史所紀瓶及汀連兩府發源古田各杭縣道里內外生牛皓門外汀江合流之小河未紀據父老言各隔水皆從地湧出受害之速既大且同從居盡筆之處至村中地水深丈餘六七尺不等各村皆然) 孔廟殿廡及尊經閣名宦鄉賢忠義孝弟各祠俱壞(舊刊典禮) 城崩四十餘丈(舊刊城池)

前六九年(二十三年癸卯) 城鄉紳董莫樹椿華時中等倡修孔廟及各祠義捐諸人題名念典堂(舊刊典禮)

前六八年(二十四年甲辰) 知縣陸友仁捐俸修城及四城樓(舊刊城池 參上杭水災紀數)

前六二年三十年庚戌　連歲豐熟至是銀元每枚米五斗穀一百餘斤豕肉十五六斤包淡祉遺訓

前五九年文宗咸豐三年癸丑　六月淫雨十七日日無光城西水深至屋檐四鄉山裂石綻水從中湧出上圓山雲峯寺後山崩水湧寺圮時雨堂四百頃田盡廢古松十數株不沒者止尺許白砂至宮子前路盡衝壞各處害傷田畝無算知縣王肇謙請勸請振如壬寅壬寅水災紀略

是歲嘉應州松源賊劫中都丘廣發家知縣王肇謙率鄉勇越境擒匪八名戮之清史列傳卷包淡祉遺訓

前五八年四年甲寅　二月詔振災民口糧東華續錄

是歲洪水入城學坪深尺餘包淡祉遺訓

前五五年（七年丁巳） 先是廣東花縣洪秀全起事於廣西所至披靡佔據南京號太平天國（太平天國史） 是年春翼王石達開部下石國宗犯福建陷建邵諸郡四月七日自寧化陷府城衆號三十萬報至人心惶懼知縣程尙塏涖任甫三日急檄調兵飭馳諭各鄉督勇防堵要隘聽候撥用諭城紳措備軍需民各安業毋播遷（按程令首令徙去東城外民居皆拆爲堅壁清野計） 適總兵富勒興阿退至縣募勇圖復府城生員闕璜例貢丘勳從九黃柏林國英應募得千人富督領官軍同勇先發委員李斌鄭汝鵠管帶軍需接應四月廿二日抵河田敵偵知乘夜遁下黎明接戰至巳牌後敵大股包裹而前官軍敗績璜勳柏國英及所帶勇五十人均死焉縣城震動尙塏偕游擊斌昌訓導吳本周典史劉顯華會義勝社紳董姜迪簡丘映逵郭英郭崇璧

籌計議時廣東候補知縣謝紹猷募潮勇二百名歸衛桑梓候選都司丘廷健（字元午嘉應州松口人[illegible]次克復長樂縣城）帶勇數百次峯市福廣練局尙墇遺丁張三與邑紳溫夢祥雷松江偉然請援是時奸民乘隙蠢動前攻永定縣頭目李東目遣其黨丘蒔傳赴汀通欵遣賴懷會引鎮平松源衆千餘人圖夾攻縣城餘黨伏豐稔市一帶爲犄角頭目駐南蛇渡勒索銀米廿三日豪康鄉勇截之渡頭斬鄭賢隆鄭鍋客等六人餘黨竄伏不敢發五月二日敵軍前驅至廻龍武生林炳聲等率鄉勇力據要津不能下次日大隊水陸並進力不敵炳聲與其叔監生林桂州同林翰俱力戰死先是總督王懿德咨粤督葉名琛撥兵會勦粤調潮橋鹽運分司顧炳章率勇六百駐峯市防禦値糧缺遣守備楊清臣帶勇首周璧吳裕等二百

人來城告羅諜報敵軍下迴龍乃留清臣偕謝紹猷守西門斌昌及千總陳國猷守北門劉顯華李斌守南門尙墻與吳本周守東門按照城內糧册勸捐伍德經出錢三千貫謝紹猷助銀一千兩行店捐助各有差城中兵勇三千餘由社局紳董逐散口糧查核各垜眼晝夜駐紮會劉溫其何冠先率中都勇四百人林元魁督杰卒安鄉白砂勇共六百人先後入援四月卯刻敵軍前隊數十人駐西門接官亭辰巳牌後蜂擁而至白水浦至潭頭由西北而東綿亘十餘里架浮橋於東南隅南岡俱被圍估五日丘廷健帶勇二百人赴援敵要擊於獅子潭（原作狐，南岡半途遇擊）戰不利溫夢祥雷松張二及廷健勇五人均死焉廷健率勇退據安鄉上東路壯勇堵猴子嶺兼爲城援八日前隊至羅蔔嶺下遇敵倉卒接戰刺殺

上杭啓文書局承印

數人乘勝前進伏發勇首丘書光丘三光等三十九人皆死之敵勢益張日攻城數次城中礮斃其酋一（坐紅呢轎）及跟從十餘人復轟斷其浮橋氣稍奪適大雨連日夜水漲甚不能渡南岡敵營盡撤乃夜遣周璧洲水越敵寨通峯市安鄉兩軍援剿九日東南壯勇護送丘廷健部五百顧炳章遣吳忠等率潮勇四百次第入城四鄉各派丁壯近城分紮自九州河口至南岡不下十數萬與城爲聲援敵於東門外林氏萬一郎祠（此十字新增）掘地道十數丈用棺木實火藥其中十一晨轟崩東南角城垣十餘丈敵軍蟻集而前城上狼機礮二位初引不發再引齊發斃敵無數（相傳礮彈過處血肉轟飛頓成一巷）城初陷時倘塙自北城下謝紹猷自南城上各手劍斫退縮者數人乃爭前用命擒殺跳城敵軍三人梟以示衆兵勇數百人奮勇

衝出力據城下名工匠搶築（相傳用紙塊浸水堆築敵礮之如石版訓購吳本周擧夫入宮門版往堵）（數退三四入始能舉）城陷而復全敵挾長梯仰攻守埤各勇以礮石力擊之斃敵尤衆敵計窮恐鄉勇截其後無所得食午後盡廢輜重竄入武平城（殘用殘疑）敵退新任金鼇至趣交代邑人以金聞寇遷延賊退遽至頃方籌餉辦善後請於尚墉暫緩三日尚墉不可再三請乃商諸金金不允竟以抗印不交劾省並言城未被兵總督王懿德信之罪尚墉道之省獄（事傳聞紀未詩自注）六月初何巡道英樸知府胡斌第各率勇至自汀州（殘用殘疑）

前五四年（八年戊午）九月初何石國宗由清流寧洋竄擾連城境旋據其城縣轄古田白砂兩里與連接界知縣金鼇請兵防勦時粵督黃宗漢閩督遣候補道郭蓬瀛偕指捐廣東同知羅上楨鎮平知縣

謝紹猷候補知縣在籍主事林其年督同武弁副將秦斐音（音作斐普秦據下文改）都司方玉榮統兵勇一千駐杭堵勦郭羅謝皆杭人劉籍長汀林籍武平意在熟悉地勢民情措辭布置較易爲力並隨帶監部照職銜實收募捐濟餉九月十八日白砂勇偕連韓二隘勇數千人擈敵於連城城下敗績二十六日連之南鄉一帶勇愈集合前次並杭勇以萬計再戰於鵬口之山陰爲敵包圍復大敗敵乘勝掠莒溪總督王懿德分調大兵駐古田以爲省防分遣員兵會勦秦斐音方玉榮亦督勇往會相持三月屢出戰互有勝負

前五三年（九年己未）正月初十日黎明官軍前進戰於莒溪大獲勝仗斬首數十人獲軍裝旗幟無算午後兵勇方就食敵大隊蜂擁至倉卒莫能抵候補同知蘇鍾駿惠州游擊鄭心賡死之餘軍退守板

寮地爲杭連交界孔道中一楓峽石筍嶙峋險要可屯軍合潮勇鄉勇二千有奇白砂傅棠蘭亦帶勇數百同紮官牌橋敵知地險有備乃迂道由亂石峽弔鐘巖出龍巖轄之大小池入龍巖城所過縣轄蛟洋崇頭坪舖等鄉擄其鋒死者十餘人焚蛟洋土樓一座至是連城知縣蔣璘昌白砂歸泰婆音方玉榮先後領兵至謝紹猷嚴乃班師

前五二年（十年庚申）十月中旬督學徐樹銘由龍巖抵縣諜報敵犯武平據城頭裹花巾號花旗股樹銘駐杭籌兵餉與知縣黃瑞梧游擊吉勒圖堪教諭張守訓訓導張匯川典史葉兆豫巡防十晝夜督遣游擊許忠標由漳帶兵一千至武平縣令八十四先期至催令前行進勦抵盈科橋遇敵吉勒圖堪力戰不利與許忠標退守高

梧益兵勇助之十一月朔樹銘赴汀按考郭英自備口糧募廣勇百名護送並捍衛考棚知府孫家良總兵袁良往來督守汀武總要隘按長汀志準使正較馬射武平告急總兵袁良偕兵往援郡城益空虛十二月三日方閱步射別股由江西瑞金至府城復陷郭英奉諭出探未返廣勇護樹銘出大東門由連城返省以上皆續刊逕綏知府孫家良棄城而逃至魚溪爲鄉民亂石所斃新增續列不殺孫守之死據長汀志準使已抵汀道紳民籌防守勸捐餉得數萬金悉付知府孫家良募勇勇未集又云讀報瑞金陷紳民請發帑募兵孫守弗聽又云孫守爲賊所執又被殺連城民國十一年修志稿大平志分募袁丈少食注云孫被執幽繫汀城彭大順已死其妻殺之以祭十七年長汀修志復在局據彭先生振聲言聞諸其祖云孫之斃名假猖鄉民恨之斬關逸至魚溪爲亂石擊斃家屬行李俱無恙斃爲其祖所目擊孫之家屬與嵆友籌商報爲賊斃可得卹典故長志所言佈詞也良丈所注傳訛也詰志不許論之也長汀舊誌初往福州爲其母請旌文啓亦曾叙及其母曰復特補正於此

其頭目彭大盛童大羅朱衣點等號天官燕天官豫等名目分據

連城（續刊據長汀志云天官丞相彭大順據郡城朱衣點據任延岡豐大羅據古城吉慶元據河田汪海洋據蔡坊）

前五一年（十一年辛酉）正月總兵袁艮由武平駐長汀之童坊與漳兵合爲敵所攻兵潰漳營林千總死之二月省兵數百至連城進屯長埔敵突至官兵不戰而潰遂陷連城分踞郡城至姑田亙數百里（節長汀志）三月彭大順在姑田鄉民林駝子以練兵三千大敗之彭逃途次中礮斃（據袁横注續刊但云彭出掠爲鄉民伏殺）四月甲戌郡城復（長汀志）敵衆潰散其據武邑者亦竄江西道不入杭（續刊寇發）因軍興捐輸增永遠學額十名守城三名

前四九年（穆宗同治二年癸亥）邑人以縣志自知縣顧人驥修後已踰百年版多蛀缺乃就顧志補刊綴入建置典秩武備選舉人物藝文六門

前四八年（三年甲子）是歲太平天國洪秀全自殺南京破餘黨竄江西入

武平分踞武平縣城及武平所其據武平所者由上都至撑篷巖渡河翼日至盧豐而大古村棉村三坪復上安鄉又次日走茶地而大洋壩竄永定其武城一股由水浦渡河至舊縣白砂竄永定龍巖別一股由巖前象洞上墩下都走豪康渡河一路走河頭城渡河均竄永定龍巖等處包汲池遺訓　連城永定俱被賊據錄耕春頭同邑俠標　頃時自汗　四出騷擾

七月某日黃昏時候有大星光芒如月從西北方入東南方有小星三隨之而行沒時有聲如礮者三經過處陷如坑一時許乃滅府采訪稿懷丘鴻章紀事春秋咸豐三年癸丑九月二十六夜三鼓滿天墨色忽西南角有光如月影照背行若疾際增至東北平上仰視空中有球約大尺許長倍之首圓尾尖由東北過西南而滅有頃聞大砲聲如雷按此事續刊不載今附於此

八月彗星見西方芒長十餘丈同前

九月十五夜流星縱橫如織（同前）

太平軍侍王李侍賢陷漳州康王汪海洋駐南陽鄉花旗股駐古田白砂城中戒嚴

前四七年（同治四年乙丑）正月汀郡各軍攻平原敵敗竄經舊縣而走（長汀志）

三月姜延慶軍駐縣東門外隊長劉慎隆私遣麾下夜出擄掠城外悉遭其毒（黃同文乙丑四月二十九日紀事詩自注）

四月十三日婁軍門統領二十三營兵勇由江西駐東郊候左宗棠給餉因糧不繼兵飢二十四日夜半數營鼓噪將突城城中戒嚴詰旦軍門傳令移營由武平回江西（丘錦章紀事春秋）

太平軍餘衆竄伏永定城外金沙等處多日四月廿七日分擾官田豪康湖洋等鄉（包淇池選訓）二十九日拂曉圍縣城紅旗隊先至朝

食時大隊續至旗幟服裝均假楚軍天忽大雨河水陡漲敵攻城
不得遑渡河而去溺死甚衆守城壯勇縋城出追奪旗幟數十面
而還是役知縣同拱辰措置有方勸丘康莊雷星垣郭子杰捐貲
數千爲防禦計城得無恙黃同文乙丑四月二十九月紀事詩自注　敵竄東路紫蘆豐
八日包漢池遺訓　自五月朔後下東路各鄉藍家渡等處俱遭蹂躪所
至爲墟惟汝水宮經鄉勇把守殺敵十數人敵不敢前繞道而去
故太拔湖梓里等鄉未遭其害丘逢元避賊行　其別隊於五月初二日由
大沽上渡中都搜上下都十三日竄象洞采訪稿參漢池遺訓　十月陷嘉應
州時左宗棠督辦江西福建廣東三省軍務會兵圍攻十二月十
二日汪海洋中鎗死二十三日復嘉應州城遂告肅清參嘉應州志
四鄉自亂後繼以大疫稻熟無人收穫敵軍到處白骨徧野薛耕參乙

丑九月再遊石壁庵詩自注

前三五年（德宗光緒三年丁丑）五月大饑斗米錢二千民情洶洶求振知縣袁文光倡派穀法富戶有穀百石出糶者勸派十之二城內富戶餘穀三千石有奇派得六百餘石飭地保分坊發票貧民日給五合足供一月民用不殍厥後多倣行之（新采訪册）

前三一年（七年辛巳）知縣姚嘉植聽櫃書方月照妄報生員廖鴻翹私收稅銀緣古田人入城買乳豬帶有銀元輾轉致誤嘉植不察逮鴻翹責掌合邑公憤全城罷市嘉植反先詳府省生員被革多人（新采訪册）

前二九年（九年癸未）知縣周樹森以孔廟春秋釋奠向無樂器捐廉爲倡勸城鄉捐資購辦之樂器大備（新采訪稿）

前二八年（十年甲申） 大饑派穀如袁文光法（新采訪冊）

前二七年（十一年乙酉） 元旦雷震文廟殿柱繞雕龍而上是秋鄉試童其浚領解首解者曰此雷水解之兆（新采訪冊下同）

前二二年（十六年庚寅） 二月大水白砂里崇頭鄉水口文館被洪水衝倒廩生傅芝茹暨學生五人均溺死運河木簰蔽河而下木商丘步鴻損失鉅萬

前二〇年（十八年壬辰） 十一月二十八二十九連日大雪平地厚至二三尺

前一九年（十九年癸巳） 七月十二日大水大古村廬豐平城水深丈許倒坍牆屋數十間古定石橋被衝去

前一八年（二十年甲午） 四五月間長汀哥老會首矮伯公混充逃荒難民

百餘人至縣到處彊索肆擾在城謝某家報縣會營圍南塔寺反開槍拒捕知縣賀沅驅逐出境旋爲知府胡廷幹擒獲置之法

某月有彗星見東方長十餘丈

前一四年二十四年戊戌 因黄思永之請辦昭信股票收鋪捐

前一三年二十五年己亥 四月設團練局於保安宮奉上諭團練保甲義倉三者均須實力奉行知縣賀沅召集紳士舉辦丘鐘宗紀事春秋五月設義倉於縣署西偏馮公書院縣城每逢甲巳之歲迎仙師於山川壇演劇月餘知縣賀沅涖任十年厲行賭禁至是城內鉅紳請開禁二月以資義倉沅請於省一面開禁收規費錢三千二百貫旋奉省令斥駁立飭停止遂將欵修葺馮公書院爲義倉費錢一千餘貫賀令捐俸錢二百兩并所餘銀買穀五百餘石采訪冊

前一二年（二十六年庚子）歲饑米價昂貴幸潮米源源而至得以不災（據采訪錄）

九月改保安宮團局爲練局避義和團之嫌也（紀事春秋）

前一一年（二十七年辛丑）三月初十日大雨雹傷稼東路煙葉多壞（據采訪冊下同）

前一〇年（二十八年壬寅）因庚子八國聯軍入京兩宮奔陝西辛丑議和賠款四萬萬兩收隨糧捐丁銀一兩糧米一石各加錢四百文

收坐賈捐

前八年（三十年甲辰）漳廈鐵路總辦陳寶琛請收鐵路捐丁銀每兩糧米每石各加錢二百文省准試辦一年後遂繼續不止

前六年（三十二年丙午）春開辦縣立琴岡高等小學堂以琴岡書院原有經費及城鄉公共之浮橋營育嬰堂各費充之

設勸學所於忠義孝弟祠以雷熙春爲總董直至廢勸學所並未

改選

同時設教育會以郭贊堯爲會長旋由雷贊明繼之

前三年（宣統元年己酉）四月大風時雨堂古榕樹被拔水南張灘一帶果實皆墮落

前二年（宣統二年庚戌）開諮議局於省城選舉藍德光爲議員

是歲猛虎横行食人無算所噬以婦女爲多四月白砂鄉民傅主舟聘請射虎技師於家施毒箭於大坑嶺頭斃一黃虎重三百餘斤知縣洪恩毓給賞銀元五十圓其鄉湖綱季給賞三百圓至明年革命軍興虎患始息（新采訪參五稿）

前一年（宣統三年辛亥）八月十九日（即陽曆之十月十日）黎元洪起義於武昌各省民軍蜂起響應蘇撫程德全首布獨立革命勢力益大時福建總督松

壽將軍樸壽皆滿人防止革黨甚嚴九月二十一日孫道仁獨立於福州松樸皆死各縣先後組織民軍宣告獨立先是濟南李宗堯開體育社於稔溪至是招集民軍光復大埔峯市永定十月三日率民軍入城知縣龔時富陽許陰遣宗堯率隊往汀郡留少數民軍駐縣設軍政部於百稷堂時省中獨立文告至縣令時富仍舊供職民軍屢促時富清算財賦銷毀滿印其中良莠不齊以致謠言蜂起與城中積不相能及宗堯入汀甫數日舊營樊彪圍攻崇德堂焚之民軍燼焉宗堯潛逃敗警至縣時富與城人益輕視之初議二十八日召集城鄉大會未成城中爛匪鄭傳書等預謀暗害邀民軍隊長童國珍至團防局殺之又舁巨礮攻民軍辦事處民軍發槍斃其一人城中遂聚集數千人焚縣立高等小學堂

圖書儀器一切校具搬搶一空閉城截殺時民軍駐縣不及百人被害者四十二人其傷重回家死者四人全城罷市明日時富出街安民又喝捕民立師範畢業生丘子溪子溪本非民軍因民軍促時富算交財政子溪甫自漳州歸參與其間致觸其怒十一月朔時富縛子溪并先一日被拘之立本高等小學畢業生丘景福丘鳳鏘殺之

十一月十日十七省代表會於南京組織中華民國臨時政府選舉孫文爲大總統十三日就職改用陽曆以是日爲中華民國元年一月一日

中華民國元年一月二十六日開臨時參議院於南京二月十日清帝退位南京參議院選袁世凱爲中華民國臨時大總統

縣自民軍被陷後城鄉積恨甚深時立本小學堂堂長丘復在滬請於南京孫大總統電閩孫都督昭雪孫都督派管帶官王挺至縣和解判令由城賠修縣立小學銀元八千圓烈士祠墓撫邺等費銀元七千圓建昭慇祠於東門外二月二十日開追悼會於時雨堂捕鄭傳書殺之城鄉案解和好如舊

三月省委徐秉衡爲知事龔時富逃

五月（夏曆三月七日）疾風甚雨舊西一區大木盡拔小洋鄉水口盈豐橋瓦桷楹柱被捲有遠至里許者（舊采訪冊下同）

六月開臨時省議會縣選丘復爲議員

八月籌辦縣立中學校

二年一月十　日正式省議會開復選舉於汀州選丘復爲議員丘

嘉謨鄭允咸爲候補議員因吳某被除嘉謨當即補入

臨時縣議事會成立城區議員五人四鄉十九區各選議員一人

選張鏡蓉爲正議長詹鴻逵爲副議長以念典堂爲會所

改鐵路捐爲縣自治經費從臨時省議會議決案也

劃一征收糧價價目丁銀每兩收台伏二千一百七十四文糧米

每石收台伏三千九百一十二文除去留省耗名目亦省議會議

決案

三年甲寅 串票加價　收過忙費

四年乙卯 舊歲二月二十二日大雨雹舊西一區龍嶂瀨溪隘山林樹

木拔去過半地方民居幾無完瓦

是歲收征收費先是省議會劃一糧價將平餘火耗併入丁米征

上杭啓文書局承印

收費在內實支實解報部駁回准加一爲征收費時國稅廳朱不忍加取於民查民國元年改用一筆串每張三便士乃復舊串定每張三十文爲征收費至是繼任者查卷有部准加一征收費未行遂再收加一征收費民間實納三度征收費矣

七年戊午 舊正三日午後二時十五分鐘地震有聲歷十分鐘始止五時後及夜間復震數次連日亦有微震臨豐塘厦藍姓翼屋廢爲豕圈初六夜地陷一丈有奇周三丈許母豬旋繞不止四小豕沒不見連日挑土塡之至十二日塡滿高出四五寸是夜復陷有水焉小豕浮水面水深一丈二尺水面距地面一丈有奇旁裂十餘丈月餘裂痕始復

五月舊四月十三日 護法軍許崇智率隊由粵入城駐軍團長王

克悌縣知事柏麟書脅逼以萬黃裳爲知事未幾爲奉軍旅長周永桂攻陷萬黃裳出走以郝繼昌爲知事未幾又爲粵軍攻克以劉峻復爲知事自是杭及汀屬各縣均入護法區（參傳賓蚪稿）

先是縣署內有古鐵樹是歲忽開花一月未幾柏麟書逃數換知事（采訪冊）

舊七月初旬北兵由峯市敗竄繞山路至合溪敗兵五十餘名初五夜乘大雨至藍家渡商民入見被留五六人敲詐毫洋一千一百五十元而去翌日復有敗兵五十餘人薄暮由湯湖至近市南山上知有備折回東源湖宿焉居民僅一家雞豕糧米幸食一空詰旦過藍市煮粥令食而去中午至官山大肆擄掠民皆奔避臨去焚高燈藻屋一間幸鄉民奔回力救僅燒燬門樓沿途搶大豐

上杭啓文書局承印

墟等處而入連城在北路者石圳潭孔慶輝家遭劫尤甚損失不下萬金

八年己未援閩粵軍及閩軍平先是護法軍既定閩西連下永安沙縣及是一年雙方協議停戰本縣秩序恢復并奉漳總司令陳炯明派送半官費留法學生以下皆傳奕與橋弁傳纂者皆經注明

九年庚申護法軍回師收復粵省粵軍全部回粵留武平鍾大輝一營駐縣九月護法浙軍陳肇英部以粵陳私與閩軍平乃自龍巖經白砂駐南陽凡二十七日進攻潮州而去復按浙軍紀律嚴明款兩閩缺之用品向河上借取匯給戶盧報皆給收據並致函鑒館商號到價俟送潮汕補還及至潮復主會館事務向商入號致商領款證寄原訂到達潮汕今汕埠未下無款可撥蓋浙軍入潮秋毫無犯錢攻汕返潮與粵軍休戰將撥還貨價五百元以維信用

十年辛酉一月閩省派營長李德盛知事馬一麐接收縣治

十一年壬戌　六月　日黎明古田里山洪暴發平地深丈餘倒塌房屋數座官廳履勘無補於事此據采訪册

十二月東路討賊軍許崇智入閩垣閩督軍李厚基出走

十二年癸亥　一月一日淸晨李厚基自龍巖永定過官田是日至縣駐旬餘率營長李德盛知事馬一譽奔閩北縣政無人主持由駐城人士權推邑人丘嘉謨主任

自壬戌除夕癸亥元旦前後粵軍經過豐稔市藍家渡安鄉廬豐橫岡及南蛇渡等處皆被逼勒餉欵雞犬不寧復增

五月贛軍連長賴世璜率隊闖縣城駐汀福建陸軍第三師師長王獻臣力戰卻之

是歲六七月間駐軍委董書田接縣政不三日省委羅汝澤爲知

事徇櫃書方某之請檢查辛亥後糧串邑人丘復三上書詳陳利害不聽全邑公民代表僉呈亦不聽批詞有云所稱串票遺失原因尚屬實情又云恐頑戶藉口擬變方取締諭令該櫃書將串根征冊核明欠戶再就各戶檢對串票並派隊協同書差下鄉監視既云遺失尚屬實情更何從檢對民心皇皇乃勒繳銀元近十萬圓豁免檢查不論欠糧與否照全縣額征丁糧數目攤派比年征幾至加倍（按增又徵志串票每張附加三文係省令全省遵行有案但任內收去串票附加費毫洋五百元分文未交）（公民控省督[illegible]亦無效）

十三年（甲子）福建陸軍第一師師長臧致平退師返浙取道龍巖經縣北古田桃排王獻臣部往禦敗績

冬縣署譙樓災縣儀門架閣庫土地祠延及南城樓俱燬

十四年乙丑 駐縣福建第三師旅長曹萬順始令城內大街改築馬路通濟門文廟東西轅門均拆除自東門迄西門兩旁店肆各縮入數尺市面一新

明清所建偉大石坊及所砌全街石版均拆除破碎道署及縣儀門內外地基均拍賣建築商店（復增）

是歲舊曆三四月之交粵軍師長陳修爵等部敗竄至藍家渡豐稔市等處各自勒籌軍餉三四千元不等（復增）

十五年丙寅 十月駐軍曹萬順響應國民革命軍本縣始隸黨治先是閩督周蔭人大舉侵粵至松口國民軍東路總指揮何應欽大敗之周督逃時曹萬順部亦歸何節制改編爲第十七軍師長自是不旬月八閩底定

縣自七年以後南北軍興駐軍日事籌餉民間有還月子會之諺實則一年籌餉非月一次亦必七八次而錢糧征至二十二年民窮已甚志局議決大事志編至十五年止以後狀況俟諸來者續附

卷一終

【康熙】永定縣志

（清）潘翊清初修　（清）陳鈞奏初纂　（清）趙良生增修

抄本

災異誌

嘉靖三十七年七月內天晴日霽忽然大水漂高陵

深溪二橋冲毁飛虹橋墩二座

嘉靖三十八年南城外賊首温祖縁糾集黨類五百餘徒謀欲刼縣適夜至城下殺傷三十餘人後知縣許文獻擒滅

嘉靖四十年上杭李占春倡亂溪南饒表胥碧太平黄九葉遊仙四處蜂起相應勢甚猖獗放火刼掠人民被殺者萬餘間有竄寨投城者又染瘟疫遍野骸骨斗米價至一錢八分後蒙署印黄同知發廩賑貸

民賴以寧
嘉靖四十二年饒平賊羅袍五千餘徒由箭竹隘突
至城下城外并鄉落男婦被殺者七百餘人時非積
雨溪漲不得渡城幾危矣
萬曆二年六月二十六日夜雷光異常大雨洪水遽
高數丈自深溪黃田沿溪一帶田業冲壞者二百餘
畝家貲(資)什漂流全家溺水死者計一十六家外又五
百餘人躍龍橋墩冲毀五座此永定未有之變也後

蒙撫按題賑民得存活

萬曆戊午年五月洪水遼高數丈飛虹橋冲去近溪人家溺死者甚多田被冲壞者不計米價至一錢八分亦一時之大變也

崇禎十七年二月二十九日賊由圍大浦半月從金豐路突臨城下衆至萬人放火焚去東門橋及東南城外一帶房屋知縣伍耀孫督衿王芝蘭民童傅一巖守自朝至三更時賊衆知奸細已除遂遁至湖雷村

擄掠五日而去鄉兵追殺遇賊伏兵芝蘭傳一被害

崇禎十七年六月二十日廣寇張稱鍾數千襲城殺掠無算婦女擄去千餘人城内一空千古未有之慘

丙戌冬知縣趙廷標隨

朝大兵入關蒞任多方招徠撫循安輯哀鴻方得更

生

順治戊子夏四月突有巨寇十三營共挾僞藩由延而來煽惑四鄉衆至數萬困守孤城自夏徂秋知縣

趙廷標間道請兵援救更用奇計使自相攻擊渠魁授首餘黨始散兵燹之後繼以凶年斗粟千錢人民易子析骨慘不堪言知縣趙倡捐俸賚告糴鄰封施粥賑濟得留孑遺

順治戊子冬十月廣寇江龍統賊萬衆突至城下四面監柵攻城危同壘卵男婦驚慘知縣趙諳睢陽廟瀝血盟天誓衆死守賊不能破乃用壽木暗藏砲火隐穿地道以進知縣趙設法决水以淹之賊用雲梯扒城

知縣趙於垛中懸柵以墮之相持日久城中糧盡幾危時值迎春知縣趙廣設鼓吹盛張臺閣大開城門迎日東郊賊衆咫尺聚觀疑有設伏駭愕不敢逼近且疑素有儲蓄方宵遁去知縣趙偵知密遣兵馬同鄉勇間道倍行暗伏東西兩山一齊夾攻各處敗竄追至龍磜塞殺奪無數賊魁膽落不敢再窺縣南城樓縣署鼓樓東門橋及民居數百餘間男婦拘繫殺戮者俱各數千計至十六年知縣顏佐准士民鄭九

疇等公呈通詳 督憲郎 姚 疊咨廣東
撫院釋回其直隸江南山東浙江各省擾勦官兵擄去
者列疏具題
恩准查發回籍有觀音閣禪僧寂尚收拾被難骸骨伍拾
餘担巡檢劉杰貢生鄭孫綬生員盧鴻聲鄭九疇全義
民吳兆華賴麟玉黃森栢吳渤坤等擇地於西郊官山
募資築塔安葬逐年春秋僧人仍具齋蔬紙錢祭掛
康熙三十三四五年連歲凶荒三十六年二月內米價

騰湧採買烏有飢民採樹皮草根而食且永邑山多
田少豐年常仰給於江粵值上流遏糴署事連城縣
知縣趙痛陳飢饉情形蒙府憲王　念切民瘼
給炤護米到縣永民得甦
南郊印星臺一河係永邑往粵孔道原架木橋因康
熙三年洪水衝去康熙二十五年知縣徐印祖捐俸
倡建浮橋以濟利涉兼此地有臺堤關鎖水口士民
感其修砌臺堤建造浮橋建立碑亭誌德而浮橋木

滿匝歲被水沖去碑亭現存康熙二十八年知縣呂
坊之捐俸倡建石橋又於西關建迎恩石橋惜陞任太
速尚未竣工而去

總論

論曰按河頭城地方萬山叢疊每為江西廣東福
建三省寇賊聚集之地先年於河頭城設兵一營
正為杭永兩縣門戶使此處有兵防守則寇賊必
不敢入即入而有兵躡其後亦不至有城破之慘

徐元龍修　張超南、林上楠纂

【民國】永定縣志

民國三十八年(1949)連城文化印刷所石印本

永定縣志卷之一

大事志

民國紀元前四三五年（明成化十三年丁酉）冬溪南里人鍾三黎仲端等嘯聚剽掠巡按御史戴用劉之勿克

前四三四年（十四年戊戌）詔起右僉都御史高明巡撫福建捕治乃授副使劉城方畧擒斬仲端等十一人平其餘黨遂奏析上杭所屬之溪南金豐豐田太平勝運五里十九圖添設一縣取名永定又於三層嶺設巡檢司一員明年己亥遷興化司於豐稔寺之右與太平司同隸永定。按興化司天順間設於溪南之古鎮坪太平司正統間設在太平里虎岡

前四二八年（二十年甲辰）知縣王環創輯永定縣志秉筆者教諭謝鄉也

前四二七年（二十一年乙巳）大水壞田廬人畜溺死無算

前四二五年（二十三年丁未）漳南道僉事伍希閔奏委武平千户所官一員領兵六十二名駐防箭竹隘

前四一八年（弘治七年甲寅）始築永定城越三年丁巳城工竣

前四一六年（九年丙辰）巡撫金澤奏汀屬每縣添設主簿一員越八年裁主簿缺

前三九五年（正德十二年丁丑）虔撫王守仁奉命平漳寇駐上杭

前三九三年（十四年己卯）六月寧王宸濠反王守仁檄道募兵策應永定知縣那瑄統率赴義先至守仁嘉之會寧逆成擒犒賞令還

前三七八年（嘉靖十三年甲午）大霖雨

前三七〇年（二十七年壬寅）十二月大埔小靖賊傳大滿謝相寇縣典史莫住追擊之次年大埔知縣曾廣輪擒二賊送軍門斬決

前三六七年（二十四年乙巳）先是永杭糧界之爭經邑人赴呈巡按徐宗魯

批道行府牒推官商璉問理將抗人孔舉等據理法責治矣孔舉等又以一面之辭上告分巡道偏聽徒據未開新縣時舊冊以爲斷永人亦表示不服

前三五四年三十七年戊午流寇千餘人刦掠湖雷鄉民吳岐峯及從弟岸山率鄉兵追至縣南入賊巢岐峯殉焉岸山復奮戰賊始遁

是時閩苦倭寇山賊乘亂而起汀贛惠潮之間莫非盜窟

遷興化司於硿頭即今峯市

七月大水漂去高陂深渡二橋

前三五三年三十八年己未知縣許文獻申減箭竹隘守禦兵二十名重修城守復修縣志邑進士張僖舉人孔庭詔各爲之序

是年大埔礦坑賊溫祖源劉元球等五百餘人刦縣至南城外夜殺三十餘人府通判郭子進知縣許文獻督兵擒滅之○二賊嘯

聚礁坑看牛坪與上杭三圖賊張四滿等聲勢相依肆劫泰寧尤溪歸化永定等縣其箍永時巡道王時槐提兵駐三圖大埔知縣吳思立乘虛搗其巢穴截其歸路二賊無可逃竄故就擒

前三五一年（四十年辛酉）二月上杭李占春倡亂溪南饒表蕭碧太平黃九葉遊仙等應之放火劫掠殺萬餘人巡道金淅督武平永定上杭三縣兵合剿。李占春上杭勝運樟田背人（據杭志改正）因歲飢以平穀為名聚衆萬人劫永定連城時署永定令黃震昌遣義民賴一鳳等招之不從巡道金淅督三縣合剿永兵由湯湖鼓樓岡進杭兵自安鄉卒還進連城兵繞賊後戰未決杭兵稍退卻賊衝之追至上杭南岡杭兵爭渡溺死甚衆一鳳等亦死於壘四月淅乃檄武平令徐甫宰諸生李琢招降之後溢暴如故杭民丘明裕有女迫奪之明裕結以親迎醉以酒扼殺之

是歲饑黃縣令震昌發粟賑濟

前三五〇年四十一年壬戌叛兵李鐵拐韋高等攻縣城諸生鄭仁濟等集金沙鄉兵擒斬其酋遂潰

前三四九年四十二年癸亥饒平賊羅袍五千餘人由箭竹隘突至殺城外及鄉落男婦七百餘人因溪漲不及攻城而去。羅袍大埔沐教人率大埔聽招各賊與饒平巨寇張璉相犄角荼毒惠潮漳泉等處兩廣都御史張臬平江伯陳圭南征袍為部下縛送官司解軍門斬之秋饒賊李亞甫薛封等刼掠金豐高頭鄉民江寬山統鄉勇追擊死之

前三四六年四十五年丙寅水

前三三四年萬曆二年甲戌六月二十六日夜電光異常大水沿溪衝壞田二百餘畝漂沒十六家溺死七百餘人詔加賑恤

復遷興化司於豐稔寺隸永定
前三三三年三年乙亥知縣何守成續修縣志同修者教諭李應選
前三二六年十四年丙戌大水壞田廬
前二九四年四十六年戊午五月大水溺死多人衝壞田畝無算歲大饑
前二七五年崇禎十年丁丑正月流寇陳缺嘴由南靖入永定界署道潘融
春知府唐世涵知縣徐承烈巡檢倪思震率民剿之四月罷兵
是年行均輸法一曰因糧二曰溢地三曰事例四曰驛遞
前二六八年十七年甲申二月二十九日流寇數千圍大埔不逞遂從金
豐至永城下放火焚東門橋及東南城外房屋城中嚴備时適至湖
雷擄掠六日邑衿王芝蘭民童傳一率鄉兵追擊伏發被害。校大
埔志十六年八月饒平賊陳嵩邱縉統夥數千刦縣不克遁去疑即
此賊也當時永定知縣伍耀孫督芝蘭傳一嚴守困偵知邑中有奸

民通賊內應也賊闖城中有備故遁

是年三月李自成陷京師思宗殉社稷五月二十一日福王由崧立於南京改明年為弘光元年吳三桂迎清兵入關賊西走十一月一日清福臨即位北京改元順治

前二六七年明弘光元年清順治二年乙酉五月清師入南京福王出走閏六月唐王聿鍵立於福州改元隆武

前二六六年弘光隆武二年順治三年丙戌六月程鄉賊張大祥數千人襲破縣城殺掠無算擄去婦女千餘人〇大祥名吉綽號秤錘與上杭來蘇張忍達綽號豬婆龍者連黨寇上杭破永定武平官軍莫如何

八月十八日清師入仙霞關二十二日唐王由延平奔汀州清師躡其後忠誠伯周之藩拒戰死焉唐王被執宮眷從臣多先後死全閩陷清知縣趙廷標及各官師始先後蒞永九月下薙髮令

前二六五年順治四年丁亥永寧王妃據寧化寇變志小注云永寧王長子妃彭氏據九龍砦集數百人攻歸化敗妃奔洋源 次年戊子正月彭妃復率范繼宸廖心明等數千人由石城出禾口中沙烏村而抵延祥二月由延祥復出歸化雷澗被執絞於汀州靈龜廟妃死日責數郡邑官詞義慷慨毫無懼色

前二六四年五年戊子四月巨寇十三營衆藉稱扶明藩由延平至永定圍縣城知縣趙廷標間道請兵救援。王志云按是年有江西宗室不知主名但稱大禾尚竄入寧化聚衆數千人土人鄒華邱選率衆附之又有遊僧偽稱隆武聚衆數百粵寇張黄附之又有男偽稱益藩漳寇王鎬張文等附之皆肆掠延汀漳潮間舊志云十三營共扶偽藩不知是何一夥又是年四月上杭巡道遊擊有擒陳坑黄鋪賊之役武平有擊截赤岡賊朱良覺之役五月汀郡總兵有禦流寇十餘萬逼郡城之役三月漳州兵有禦海寇許祚昌之役廷標間道請援不

知何兵

秋大饑斗米價廣錢千文折銀五錢知縣趙廷標糴粟煮粥賑濟

十月大埔賊江龍率萬餘人攻永城凡三閱月知縣趙廷標誓眾死守賊適遣兵及鄉勇擊敗之

按大埔新志江龍於明永曆三年據埔城率師攻永定未下八年鄭成功遣陳六御江龍等援揭陽戰歿於烏石樓時江為鄭成功之鎮將不得謂為賊也舊志修於清特諱言耳

前二六三年六年己丑金豐里蘇榮又名逢霖偽稱招討大將軍沿鄉送偽劄胡坑李天成亦倡亂殺戮鄉民

按采訪冊云蘇逢霖為明季之義民號召鄉兵志圖恢復自與土匪倡亂不同且當時奉明永曆正朔與海上鄭成功相聲援舊志亦諱言耳以上二條合更正

前二六二年七年庚寅撥汀州鎮左營千總一員駐永定縣城

前二六一年八年辛卯兵巡道趙映乘會三省兵擒劉蘇榮榮赴漳帥投誠李天成就擒巡撫張學聖臨永訊實天成伏誅榮監禁漳獄死

前二五五年十四年丁酉金豐里岩背村民羅郎子溫冉初聚眾擄掠男婦挖骸勒贖兵巡道衛紹芳擒誅之

前二五三年十六年己亥添設把總一員分防苦竹

是歲饑義監生鄭永大發粟賑饑

前二四八年康熙三年甲辰大水壞田廬橋道

歲饑知府孟熊臣推官徐開遠至縣發賑

前二四三年八年己酉初頒曆閏十二月十九日立春後改曆閏次年二月以正月十四日立春

前二四〇年十一年壬子知縣潘翊清重修縣志總裁者明監察御史熊

興崗舉人吳祖馨同修者進士蕭熙楨黃日煥等皆邑人也

前二三七年（十四乙卯）年十月初四日巡撫楊熙偕尚之信率師入閩援漳州過永定時耿精忠所部將軍劉應麟之部將石滿庫據永抗師初六日城陷焚南城樓縣署鼓樓及民居數百間殺戮男女數千人拘繫去者亦數千人

是年六月鄭經圍漳州海澄公之子黃芳度摧知軍事守禦使其兄諸生芳泰突圍入粵請援時平南王尚可喜擁兵十餘萬駐粵遣其子之信（即所謂安達公者）提師援漳十月初四日至永定因駐兵抗拒初六日城破漳州城亦於是日破不及援間三日耳尚之信怒永遂遭屠城之慘被繫去男婦十七年後鄭九疇等呈知縣顏佐通詳總督郎廷相姚啟聖咨廣東巡撫釋回其攜至直隸江南江西各省者均列疏具題恩詔查發回籍

前二二六年（二十五年丙寅）九月諭戶部福建地方昔年為賊竊據民遭苦累所有二十六年下半年二十七年上半年地丁各項錢糧及二十五年未完錢糧盡行豁免（東華錄）

按順治丙戌下取銷福唐二藩加派之詔命耿藩初定即有二十五六七年地丁錢糧之豁免康熙五十一年又有盛世滋生人丁永不加賦之諭其間數十年無內變雖曰專制政策使然亦由安民民懷之故歟

前二一八年（三十三年甲戌）歲饑民食樹萌草根殆盡

前二一六年（三十五年丙子）二月二十五日上杭溪南三圖賊鄭德敬聚眾千人於王壽山謀破永渡河至大院寺是夜錦峯鄉民邀擊之遂回適旋為杭人所殺 連歲饑邑義監生鄭永大發粟以賑

前二一五年（三十六年丁丑）大饑斗米價銀一兩

署縣事趙良生續增縣志秉筆者教諭李基益同修者進士熊興麟蕭熙楨等也

前二一三年三十八年己卯南靖寇至青山峽刦奪鄉兵追獲解報

前二一一年四十年辛巳添設把總一員分防博平汎

六月大水壞田廬無算

前二〇七年四十五年丙戌浙民黃宜加曹昌隆入永境棠山聚徒連年刦掠四鄉及鄰封

前二〇三年四十九年庚寅遊擊沙永祥奉檄會漳潮兵搜捕黃宜加等七十餘人戮之是歲修北城樓

前二〇〇年五十一年壬戌諭人丁雖增地畝並未加廣令直隸各省督撫將見今錢糧丁冊有名丁數勿增勿減永為定額自後滋生人丁不必徵收

前一九九年五十二年癸巳二月開萬壽鄉科八月開萬壽會科

前一九四年五十七年戊戌五月初八日大水漂圮民房卧龍橋被衝廢

秋大疫死者千餘人

前一八九年雍正元年癸卯大赦覃恩優養七十以上老年男婦粟帛特恩

鄉科以明年特恩會科先於二月補癸卯正科

前一八六年四年丙戌大饑二月斗米價銀三錢五月增至七錢二分民淡食鹽每斤價銀自二分增至八分

升永定縣學為大學廣生員額五名

前一八五年五年丁未大饑淡食如故

五月初十大水溺死百餘人漂圮民房無算豐田馬山堡澗水壅

没土堡壓死七十一人

前一八四年六年戊申三營汛各添設協防一員

前一八二年八年庚戌知縣顧炳文重建西城樓

前一七六年乾隆元年丙辰大赦覃恩優養年七十以上粟帛恩賜八十以上冠帶

前一七二年五年庚申閏六月十四日大水壞田廬無算恩發帑銀五千兩賑恤豁免衝陷田糧

前一六六年十一年丙寅恩赦蠲免錢糧

前一六四年十三年戊辰自春至夏不雨知縣潘汝龍詳請平糶

前一六三年十四年己巳七月十二日豐田太平二里大水壞田廬

前一五九年十八年癸酉知縣伍煒重修縣志延江西安福舉人鄒貽善總裁於內署邑太史王見川分例纂次歲貢盧玫胡占梅等爲分校越二年乙亥季夏志成

前一五八年十九年甲戌有虎災金豐里死者八十餘人次年太平里傷死十一人豐田溪南二里亦傷死有人各處設檻穽金豐斃虎六

太平及龍巖近境斃虎三溪南斃虎一以上據舊志并參考各方志補

前一四三年三十四年己丑大饑

前一三三年四十四年己亥知縣吳永潮通修城垣垜眼並南城樓

前一二六年五十一年丙午旱歲饑

前一二五年五十二年丁未饑多疫

前一二四年五十三年戊申二月大雪

前一二一年五十六年辛亥二月地震

前一一七年六十年乙卯大饑斗米錢至千四五百文

前一一二年嘉慶五年庚申大水衝壞南堤

前一一〇年七年壬戌太平里會匪張佩昌等聚黨千餘人名天地會肆掠鄉里。舉人王起鳳優貢陳夢蓮等集鄉勇擒賊十餘解省究辦匪徒乃散前一〇八年九年甲子淫雨自正月至五月，鹽價昂每觔至百文。是歲三月初九日，南堤渡船覆沒，溺死二十餘人。閏五月地震。

前一〇六年十一年丙寅 湖雷市居民詹立長窩藏漳州賊二百餘人，欲行刦掠，事露，鄉衆殺賊六人，並殺窩主立長。賊敗逃，沿途死者十餘人，鋪戶被賊殺者二人。是秋大疫，溪南尤甚。

前一〇四年十三年戊辰 金豐多虎患，傷數十人，豐田傷數人。十一月二十二夜，東郊大洲前漳州賊四十餘人刦客船四隻，擄去銀千餘。邑令霍大光募鄉民追擊之，擒賊四人，後陸續擒賊盧五滿等數人。

前一〇三年十四年己巳 歲大饑。六月七月大風雹。

前一〇二年十五年庚午 多豺傷牛。四月六月大水。

前一〇一年十六年辛未 正月至三月淫雨。二月地震。

知縣霍大光重建東城樓

前一〇〇年十八年癸酉太平里天雨木實如枳椇子

前九八年二十年乙亥九月地震

前九四年二十四年己卯八月金豐里大水民有死者

前九三年二十五年庚辰旱饑　秋多疫

前八八年道光五年乙酉大水衝斷南堤漂去田廬　秋大旱晚稻罕收

前八七年六年丙戌歲大饑　以上據丞志

前八四年十年庚寅知縣方履籛重修縣志邑編修巫宜福任纂輯

前八二年十二年壬辰歲饑斗米八百兼汀潮無至各處覊糴有持錢終日不得顆粒者知縣徐煌召集紳民設法賑濟

前七〇年二十二年壬寅七月陰雨連綿數日不止山洪暴漲居民廬舍牆垣商店多倒坍沿河被災尤甚

前五九年咸豐三年癸丑六月洪水為災各村莊稻田被廢甚夥東關水湛至還盤街數尺樓店盡倒船泊於東城口沿河居民受災之慘甚於道光壬寅

平和小蘆溪匪首陳天宓聚眾千餘伏恭岐嶺下山大肆劫掠攔途截貨行者不安鄉里騷然

前五六年咸豐六年丙辰夏五六月水災太平坎市及下溪南等處損害尤重

前五五年咸豐七年丁巳先是洪秀全據南京號太平天國是年春翼王石達開部石國宗入福建陷建甌諸郡四月自寧化陷汀郡眾號三十萬報至人心惶恐奸民乘機蠢動有粵人李東木前在永邑為拳師至是糾集奸民名紅會自為頭目與廖三滿及鄉人盧慶雲等集合煽亂盧以攻大埔為先李以攻永定為先意見不合致大爭執嗣因李勢猖獗官軍閉城待援民丁協力防守一日李東木至

城下揚言此次係除貪污官吏非與百姓為難云云適有巡丁持矛而過將城磚打下恰傷東木埋伏城下之匪遂一鬨而散厥後東木伏誅其妻綽號茅人子者率隊攻城終被擒斬　五月斗米二千文

前五四年戊午八年四月石國宗率隊經永三日絡繹不絕居民先已聞訊逃避各鄉迨石部全數離永民偶無恙且拾得寒衣

前五二年庚申十年十月間學使徐樹銘由龍巖抵上杭據報敵犯武平頭裹花巾號花旗股徐遂在杭與知縣遊聲等籌集餉項以兵一千催令前行進剿至盈科橋遇敵戰不利退守高梧十一月朔徐赴汀按考募廣勇百名護送並捍衛考棚知府孫家良與袁總兵往來督守汀武各臨郡城空虛十二月三日方閱步射敵別股突由瑞金襲汀城陷廣勇護徐出大東門由連城迨省孫家良棄城

逝至魚溪為鄉民亂石擊斃

前四八年同治三年甲子七月天鼓鳴　八月彗星見於西方芒長十餘丈是歲洪秀全自殺南京破餘黨分竄閩贛

九月九日太平軍李世賢部十餘萬由江西至閩經龍巖上杭入漳一由武平巖前走豪坑渡河頭城竄入永境官軍與戰失利居民逃避城遂陷盤踞數月各鄉遭大損失至十二月三十日全部不戰而去

前四七年四年乙丑四月太平軍汪海洋股十餘萬自長汀之南陽敗竄永境入梅縣一股由大埔退回永境清兵總領丁某猝不及備繞率六營官兵駐猴市四一帶被銷滅又有花旗股丁太洋林振揭等眾佔據縣城尤為猖獗知縣張行楷出走駐金豐之篁竹指揮鄉勇攻守花旗股殺人如麻城中被害最慘又入山搜索殺人放

火所至擄掠一空金沙鄉生員張翼中率鄉勇數百人各持戈矛
擬克縣城至黃麻畬地方匪開西城門以待並發騎兵一隊出城
鄉兵因未訓練望風而逃自是金沙及西溪等鄉房屋多被焚燒
人民被擄殺慘害過於各鄉　時左宗棠督辦江廣福三省軍務
會兵由福建軍王德榜部廣東軍方曜部前來收復永城遂告肅
清　城鄉因遭亂後尸骸遍地夏秋之交遂生大疫不死於兵者
亦死於病其慘禍自康熙十四年乙卯屠城後亦僅見也

前四六年（五年丙寅）自去冬徂春米價每元三升秋收後特告低落每元
白米四斗赤米四斗五升

前四五年（六年丁卯）清師左宗棠平髮班師金豐里民江大鯤等呈請勦
陳天宓等匪左檄提督方曜會同朱觀察募鄉勇湖坑李仰山為
先導劉平之天宓授首巢穴祠宇皆犂平

前三二年（光緒六年庚辰）黃賜海搶刦煙土以火器傷人命是秋知縣黃國培奉命將該犯斬決

前二八年（十年甲申）歲大饑父老請縣開倉並派殷富出穀平糶

前二六年（十二年丙戌）二月二十六日大雨雹損傷菸葉無算東路一帶尤劇

前二二年（十六年庚寅）二月間大水沿河損害甚鉅

四月南關文塔完全崩塌灰塵蔽天飛揚十餘里

前二〇年（十八年壬辰）十一月二十八日大雪平地積二三尺

前一九年（十九年癸巳）七月大水陡漲沿河損失不鮮

前一八年（二十年甲午）二月彗星見歲饑父老請縣發賑四月大旱知縣曹學禮率紳民禱雨立應

是歲四五月間長汀哥老會首矮伯公混充逃荒難民嘯聚上杭

之南塔布圖搶掠各縣知府胡廷幹設計擒獲置之法

前一七年二十一年乙未五月初七日午前謠傳有匪大隊分頭來縣一由桃坑一由擱灘渡河人心惶恐扶老携幼而逃後經偵查回報無事人心始安

前一四年二十四年戊戌因黄恩永之請辦昭信股票收鋪捐由此始

前一二年二十六年庚子歲饑每銀一元買米一斗二升除派平糶外尚得向外採購接濟得免於災

前一一年二十七年辛丑三月勝運等處雹傷禾苗菸葉損失頗巨

前一〇年二十八年壬寅因庚子拳匪之亂八國聯軍入京兩宮奔陝辛丑議和賠款四萬萬兩收隨糧捐丁銀一兩糧米一石各加錢四百文收坐賈捐亦自是年始

前八年三十年甲辰陳寶琛辦福建漳廈鐵路請收鐵路捐丁銀每兩糧

米每石各加錢二百文

前七年三十一年乙巳清廷下詔廢科舉制

前六年三十二年丙午本縣倡辦官小學堂於崇聖祠五經閣

是年秋歸國華僑胡子春獨力捐貲倡辦本縣師範學堂同時成

立勸學所於儒學左齋

前五年三十三年丁未六月大水太平坎市損害尤甚

前四年三十四年戊申城鄉小學次第設立同時開辦法政自治研究所

前三年宣統元年己酉城鄉自治會及議事會相繼成立

是年三點會盛行金豐里人附之頗眾汀漳龍道何成浩詳請設

永靖和保甲局生鎮緝捕駐兵一哨地方稍安

前二年二年庚戌本省諮議局成立邑人盧初璜被選為議員

前一年三年辛亥八月黎元洪起義武昌各省民軍羣起響應九月十八

日福建獨立以孫道仁為都督傳檄各縣永定亦於同月二十六日有金豐胡建揚等數十人持槍來城濟南人李宗堯亦率帶民軍而來學務機關同時響應宣告獨立知縣金秉琮將所屬巡防隊槍械點交接收胡建揚遂設軍事總部於學宮推金秉琮為總部長勸學所總董蘇亮寅為副部長分組民政軍政財政教育參謀外交等部永定遂告光復惟謠言蠭起人心恐慌地方紳民組織民團以維治安十月間李宗堯率民軍由上杭至汀州時汀城光復總兵龔天印逃知府來秀死協鎮頑抗知民軍駐於橫岡崇德祠率全部圍攻因眾寡懸殊民軍突圍而出當時遇害者數十人受傷者數人餘遂潛行回永崇德祠被焚

十一月十日十七省代表會集於南京組織中華民國臨時政府選舉孫文為大總統十三日就職改用陽曆以是日為中華民國

元年元月元旦

中華民國元年（壬子）一月二十六日開臨時參議院於南京　二月十日清帝溥儀退位參議院選袁世凱為民國臨時大總統

是歲春管帶官王挺督隊官蔣虎臣率隊來永得知軍政人員辦事不善令剋日取銷解散地方政治仍由金秉琮負責

六月選舉臨時省議會議員邑人江之永當選

省委黃璥為縣知事

二年（癸丑）一月眾議院及正式省議會同時在汀郡復選當選者林鴻超為眾議院議員林上楠江新為省議會議員林一聲陳國紀鄭宗海為候補省議員後俱次第補入

六月縣議事會成立議員二十七人張允恭為議長王世昌副之以明倫堂為會所同時成立參事會參事員五里各一人

國民黨員組織師範講習所以文昌祠為所址學生百餘人王紹經任所長

三年甲寅北門城樓倒塌　夏初城中發生鼠疫

四年乙卯疫症流行患者多不治

冬盛傳袁世凱復帝制無賴者多偽造民意勸進

五年丙辰袁世凱稱帝改元洪憲一月雲南宣告獨立唐繼堯蔡鍔起兵討袁各省響應相繼獨立袁懼自行取銷帝號因是病卒

縣城鼠疫仍蔓延不絕

六年丁巳知事李德峻復修北門城樓　冬鼠疫完全消滅

七年戊午陰曆正月初三日午後一時地大震淅淅有聲歷二十餘分鐘始止

是夜仍繼續震動各處房屋多被震廢北城樓倒塌知事李德峻

召紳民修復

四月粵護法軍陳炯明許崇智兩部擾閩攻永率隊入城駐軍司令宋永禧知事李德竣偕遁粵以鄧伯偉為永定知事不旬日北軍唐國謨胡恩光復率大隊由巖來永粵軍敗北李德峻復任知事北軍乘勢攻陷大埔至六月閩護法軍始收復大埔大舉攻永唐國謨等又相率走自是閩西均入護法區

八年己未四月大雨雹太平之虎岡一帶損傷房屋畜牧種植物無數

粵軍既定閩西閩軍與粵軍雙方協議停戰本縣秩序恢復學校亦照常上課勸學所長鄭宗海提倡規復縣立中學合邑人士一致贊同旋奉道尹電令縣知事及勸學所長迅速負責籌辦

九年庚申春縣立初級中學成立

秋護法軍全部回粵

冬省政府委知事胡獻琳接收縣政以營長馬督彪駐防

十年辛酉馬營長會同紳民募建東關大橋石墩五座上架木梁鋪以木板一年工竣

十一年壬戌五月大雨連綿河流暴漲東關橋石墩被衝破二座橋梁倒塌沿河各鄉損失俱重 六月地震峯市後山多處崩裂倒房鋪數十間壓斃二十餘人

冬東路討賊軍許崇智入福州閩督李厚基出走

十二年癸亥春東路討賊軍回粵取道縣城供億煩苛

夏中央第五師長蘇世安率部來永不久即去由第四師長賴世璜填防縣中一切政令俱歸掌握

十三年甲子賴世璜自稱贛軍軍長捐稅繁興全邑已認捐餉五萬元

又勒令各鄉播種罌粟限先繳種子款若干永民素知鴉片之害

恐負大衆會商捐免裁種繳款八萬元復勒捐契稅四萬元

十四年乙丑三月粵軍謝文炳率部來縣迫令全縣派款一十萬元同時劉志陸陳修爵李雲復各部亦紛紛向各鄉派款不久又有總指揮洪兆麟來縣駐紮

二三年中捐款之繁重官吏之委任悉操駐軍之手閭閻騷擾不堪言狀

粵軍去後始由福建陸軍第三師所部旅長杜起雲駐縣凡政令亦多由駐軍主持

十月間粵軍劉志陸部突竄縣城正在籌派餉款時有縱隊長程潛率大部學生軍追擊而至劉部向閩北紛逃

是年太平高陂等鄉洪水為災糧田陂堤衝毀甚多

十五年丙寅春設臨時縣議會盧義聲為議長闕廷樞副之

永定頻年捐稅繁重豐稔市人民以所住地毘連杭籍願劃歸上杭圖避捐稅有土劣從中鼓動杭永遂發生爭界問題時政治不屬省府師長李鳳翔派參謀參議召集兩縣代表到地會勘當有飛鵝塘所立杭永分界碑記三塊屹立其間又經永定代表提出汀州府志上杭永定兩縣舊志證明稔市確為永轄致所派勘界人員無法調解案懸未結

八月閩督周蔭人以聯軍第四方面軍總司令名義大舉侵粵先遣部屬劉俊率隊由永至松口周督坐鎮永城經國民革命軍總指揮何應欽率部間道襲擊周大敗向龍巖逃竄劉俊全部覆滅自是國民革命軍乘破竹之勢底定全閩

十六年丁卯各鄉農民協會總工會理髮工會等次第成立大唱打倒貪官污吏土豪劣紳之口號　旱田禾多生蟲枯槁以死

冬十九路軍師長蔡廷鍇來永收編陳國華部仍令駐永

十七年戊辰春陳國華部回闖南邑中由匪軍張大成駐防騷擾不堪人皆側目 四月有四九師支隊長江湘率隊來縣收編張大成部調往漳州訓練旋將張大成槍決全部繳械遣散

五月各鄉大水下溪南一帶民房橋梁多衝壓

是月十三日匪徒知駐軍往撫公幹傍晚潛集城中夜三鼓後喊殺連天縱焚舖屋幸留城尚有步炮兵各一連袁陸兩連長率兵奮勇巷戰斃匪數名天明匪不支而逃次日城廂戒嚴江支隊長回城防守分別剿辦

六月旅長鄧鳳鳴率部來永維持治安團長黃月波駐防數月中搜剿散匪諸多擒獲

縣長余煇照召集邑人籌組民團聯合辦法每里各派二十名以

次選送到縣訓練舉辦數月而散

十八年己巳陰曆元旦天鼓鳴

四月共軍陷龍巖乘勢攻永知事余輝照團長黃月波先後逃至峯市居民紛紛遷避鄰境各鄉土寇假名暴動竄擾縣城焚燒縣署城樓民房數座悉成灰燼且將城垣週圍折毀平民未及逃者多被槍殺至各里如勝運及金豐之東鄉太平之高陂培風溪南之大阜等鄉亦遭焚刦厥禍之慘甚於洪楊

十九年庚午匪踞縣城分擾各鄉民不聊生

二十年辛未縣城仍為匪佔踞人民多被殺害全邑成為恐怖世界

是年九月一十八日日本入寇東三省張學良部不抵抗而退入關華北大震

二十一年壬申一月二十八日日寇侵略淞滬十九路軍蔡廷鍇揮軍抵禦國軍張治中加入作戰是為一二八滬變之役

六月上豐龍潭西坪銅鑼坪虞坑等鄉被匪燒去樓房百餘座毀百餘人擄搶一空

七月粵軍獨一師團長葉維浩率部來永駐防委胡道南為縣長就北樓廢址建碉堡於東關大橋加建水泥墩架鐵為梁人民稱便

二十二年癸巳春葉團回粵由四九師派團長陳崑接防各鄉匪徒復蠢動

自十九路軍入閩後劃閩西各縣為善後區設立善後委員會於龍巖各縣分會次第成立由縣長兼分會主席縣以下設區鄉自治委員會特頒閩西善後政綱

是年冬十九路軍在省垣設立人民政府中央派兵入閩進剿不一旬遂平定全閩

粵軍獨一師長黃任寰率部來永駐紮分往龍巖收編十九路散軍

二十三年甲戌春黃部回粵留葉維浩駐防委林一聲為縣長成立縣事委員會及各區鄉自治會嚴密辦理保甲

二十四年乙亥省府委任縣長趙健莊治開始建築由坎市至峯市一段公路

二十五年丙子駐軍團長馬叔明就縣署地址闢築公園於園之東北隅建圖書館

二十六年丁丑七七事變全邑人士異常憤激陰曆重九見敵機盤旋上空向西逸去

二十七年戊寅恢復縣立初中學校

二十八年己卯春縣長陳雪華赴金汝復興鄉公幹中途為前聯保主任范寅狙擊斃命陳到任甫一月夏六月潮汕淪陷永定上杭大埔三縣進口貨源斷絕自是百物

昂貴　秋僑育中學校成立於金豐忠川

廿九年庚辰三月大風雷電雨雹俱至金豐里有雹大如斗重數十觔者由雙髻崠下岐嶺經黄仕坑至亂石湖坑又凉繖崠至興杳及南靖屬之曲江碩寮一帶松杉植物皆成枯萎動物亦多壓斃

四月峰市特種區署奉令裁撤以特區之原轄上水下水及洪山三鄉改隸永定第一區其區署由錦峰移設於峰市峰市改歸永轄一切公牘附見疆域志

是年百物昂貴米每斗十三元漲至二十四五元食鹽每觔二角漲至四五角飢民多食樹萌草根

三十年辛巳重修縣志

縣志自亟編修重修迄今一百一十餘年民國六年省議會議決先修各縣志定三年告成後彙修省通志本縣奉頒修志通例擬

於錢糧項下附加修志費十二年秋修志局成立正在籌備進行嗣因地方多事是以不果二十九年冬士紳提議及此徐縣長元龍首先贊同當開會選舉總副編纂分別推選襄纂募捐采訪各員修志委員會復成立即於是年開局重修

冬田賦改徵實物

先是邑遭土共以蘇維埃政府名義抽收內政稅高唱打倒土劣口號肆行焚殺籍報私怨邑人士流離在外苦不堪言收復後縣府擬規復錢糧因册籍無存始按里攤派寔收之額僅六七萬元二十八年奉令丈量田畝編查土地計全邑合得畝數四十三萬八千七百四十五畝三分八釐伸賦額一十四萬九千六百四十八元三角三分等則有九因編查亟於竣事諸多錯誤糾紛之處一時無法更正廿九年遂以賦額一元應納國幣三元二角五分至

本年終始徵實物（參看本志賦税門）

三十一年（壬午）奉省府教廳令開辦四年制簡易師範於城南秋季始業分二組　太平初級中學南強初級中學均於是年先後成立

三十二年（癸未）歲歉收米價騰貴全邑紳民聯名呈請層峰分別復丈田畝減輕賦則旋減去二萬餘元

全邑人民亦願不受補征之款作為獻金

三十三年（甲申）香港私立大誠高中學校移設於本縣北城山麓旋在省邑紳張秘書長開璉賴書記長文清及旅省同鄉商准省府將大誠高中改為省立永定高中次年擇定全邑最適中之湖雷車前岡地勢高爽建築校舍越一年新校落成規模頗大所費亦不貲

三十四年（乙酉）旱稻歉收　北城樓重築告竣

八月十日聞倭寇無條件投降之訊全邑狂歡家户燃炮相慶嗣

後南京發字及接收各要地之電紛至迭來各鄉鎮遊行慶祝異常熱烈參看本志外交門

九月奉電通令陷敵各省豁免本年田賦其他後方各省亦准明年豁免

十月一二三日邑境沿河及溪澗山谷晚稻連在颱風為災損失太半米價騰貴每斗由四百元突漲至八九百元有奇

（清）傅爾泰修　（清）陶元藻纂

【乾隆】延平府志

清同治十二年（1873）徐震耀補刻本

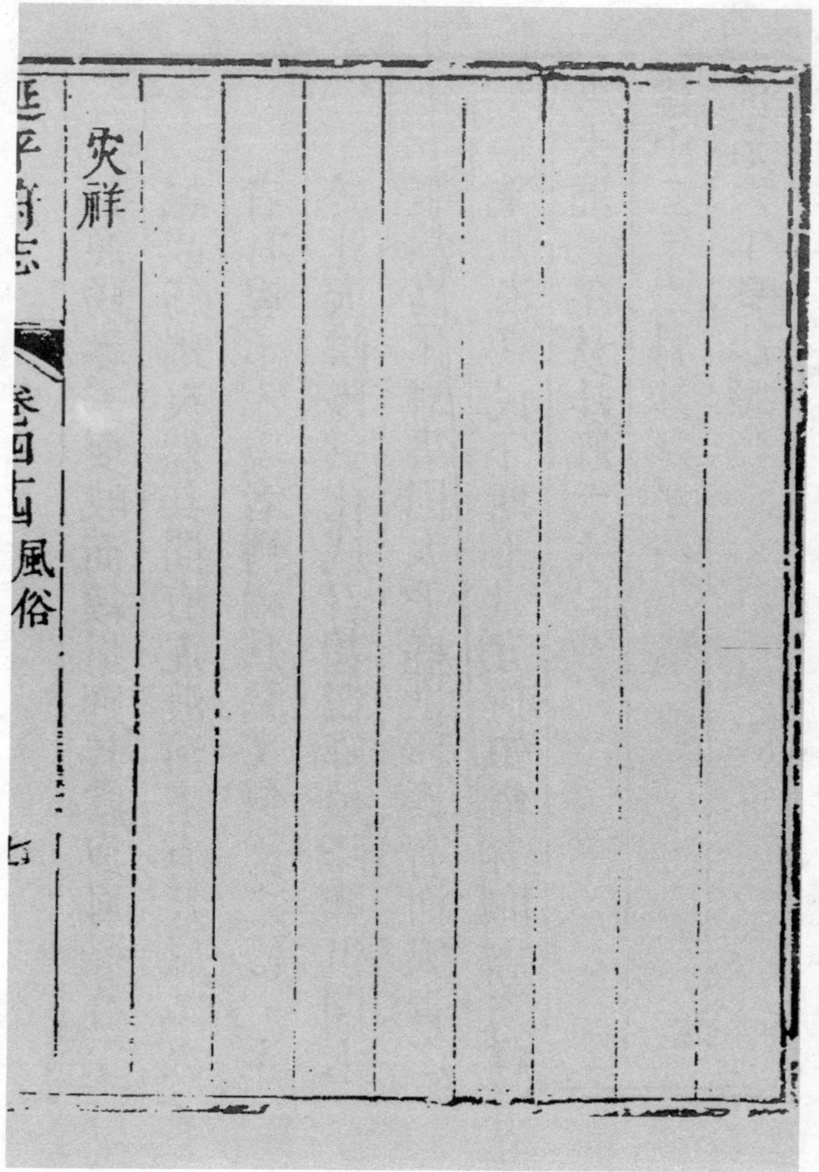

災祥

昔漁陽麥秀雙岐而穎川則甘露與鳳麟叠至誠哉爲瑞矣然其間有虎渡河者有反風滅火者有蝗不入境者轉禍爲福又何德之修一至於此夫陰陽氣化感召甚微降殃降祥俱關人事然嘉休駢集固太平盛世所應有而災眚之乘凡涖斯民守斯土者宜何如脩省耶志災祥

唐大歷二年秋沙縣大水

建中三年六月沙縣旱蝗

貞元六年夏沙縣疫

開成五年夏沙縣蝗疫

五代長興四年沙縣地震

宋太平興國七年七月南平溪水暴漲壞民居一百四十餘家

至道三年南平劉相妻一産三男

景德四年六月南平山水汎漲漂溺居人

乾興元年南平麥一本五穗

天聖四年六月丁亥南平順昌大水各壞官民廬舍千餘區溺死者百餘人九月壬申沙縣大水南平

又雨水壞民居

皇祐四年九月南平進瑞禾一本雙莖十二穗

元豐元年五月南平木連理

元祐初順昌進瑞粟一本十二穗

五年將樂大旱　六年順昌進瑞粟一本三十九

穗

元符元年南平禾一莖九穗

大觀二年尤溪溪水暴漲壞邑民廬無數

大觀三年沙縣旱

和間沙縣葉隆吉家瑞花生狀如牡丹紅榮不謝

後隆吉第進士

宣和元年尤溪縣東南榕樹忽騰異光經三晝夜乃

滅近村居者盧安邦吳士逸李仕美相繼第進士

二年沙縣芝生於鄧肅家凡十有二種色狀異常

五年順昌縣交溪廖懋以奉議大夫致政家居役

夫解柿木爲薪木中有文曰聖元天何四字字體

端楷黑色瑩然

紹興二年春沙縣大饑斗米千文

四年南平順昌將樂俱霪雨至於五月惟將樂年大熟稱爲甘霖

六年春沙縣大饑

八年秋尤溪縣雨黑雨著衣皆黑

隆興間尤溪民陳油妻產二子肢體異而胷腹相連

二年正月南平沙縣地震　沙縣自春徂秋不雨

乾道四年順昌縣槎溪祥雲彌布大雨至田間水隨雲湧高三十餘丈東流百餘丈有神物隱現

六年夏南平沙縣旱

康熙四年五月南平大水漂民居千餘家
十一年沙縣旱
十二年沙縣大饑無麥
十四年沙縣旱
十六年夏五月沙縣大霖雨
九月南平火災民居存者無幾
慶元六年五月南平大水漂民居害稼
嘉泰二年六月連雨至於七月大風雨南平禾稼盡
壞并圮廬舍三百五十餘家溺死者甚衆沙縣亦

被灾

開禧元年沙縣旱

嘉定元年秋七月甲戌沙縣火延縣署及民居一千

一百家死者相望

八年沙縣旱

十六年春沙縣無麥秋大水無禾

十七年五月大水圯郡治城樓獄舍官廨民居男

婦被水樓上者皆死沙縣亦被灾

紹定二年沙縣蝗

嘉熙四年沙縣旱

淳祐六年順昌進瑞禾一本三十九穗

七年沙縣大水

十一年沙縣旱

十二年六月七月南平順昌將樂沙縣尤溪大水

冐城郭漂室廬死者萬數

寶祐元年將樂饑沙縣旱疫

德祐元年冬沙縣地震

宋時尤溪縣蓮花峯頂天湖忽生五彩雲氣開並蒂

遂歲歉稔鄉人屢卜之驗

元元貞二年沙縣大饑

十四年沙縣大旱

至正元年順昌進嘉禾一莖五穗

四年夏秋南平順昌將樂尤溪大疫

六年八月巳巳火燔南平官舍民居八百餘區死

者五人

明洪武十三年尤溪夏秋大饑冬有年

永樂十四年夏南平順昌將樂沙縣俱大水

成化四年四月將樂大水

成化七年正月初旬將樂縣學忽一日五更明倫堂鼓自鳴教諭童恒起視之徧詢無人衆以爲異是歲諸生余廉中鄉試第一

五年將樂饑

八年秋七月尤溪大水冐城而入漂民廬舍

十一年南平將樂自四月不雨至十二月赤地彌望人民艱食秋大疫

十二年順昌自四月不雨至十二月原田坼裂深

丈餘濶一二尺者禾稼無收人民艱食

十八年尤溪大旱歲饑

十九年順昌星晝見　沙縣大饑斗米百錢

二十一年南平順昌將樂俱大水

二十二年春三月沙縣大雨漲十餘丈五月復漲

勢逾於前害稼壞民居無數

三十三年八月甲戌火府城四鶴西水二城樓延

燬民居佛寺千餘區十一月巳未夜廣豐倉火延

及預倫倉米穀

宏治元年五月將樂大水

四年將樂縣治前失火夏饑

十一年七月南平吏舍火延及縣署儒學民居夏四月沙縣大水

十二年南平順昌沙縣饑　十二月將樂失火自初四日起至初六日止延燒公署廟學及軍民營舍二千餘家

十三年三月尤溪大水

十七年七月初三日順昌甘露降縣庭

二十二年五月將樂大水漂沒三華橋及龍池都民居

正德元年沙縣樺林溪驟漲漂民居百餘家溺死五十餘人

四年八月南平火焚公署廬佛寺七百餘所

五年秋七月沙縣火焚民舍五十餘家

八年春沙縣火灾　將樂虎食人冬大饑

十一年將樂秋霜隕稼

十二年四月十九日沙縣地震九月郡城火焚衙

署城樓軍民屋宇凡九千五百所

十四年元旦順昌大雪雜以霰有如珠玉者有如米穀麥者有如菽豆者童謡云天官賜福滿地雨粟時和歲豐家給人足是歳大有年　夏將樂饑

沙縣大水　七月順昌有雲層疊成五彩光映縣治凝秀亭

十五年夏四月沙縣大雨水漲入城民多溺死秋順昌大有年十一月十六日沙縣地震

十六年八月朔未時將樂縣晝晦星見禽鳥投林

十月南平火災鐔津門及軍民廬舍數千餘區

嘉靖二年三月永安火災燒民居千餘家六月又災

三年十月將樂火延燒千餘家

四年二月南平尤溪雨雹壞民居折樹木　十二
月沙縣火延燒居民一百五十家

五年尤溪自四月不雨至秋七月

六年將樂饑

七年將樂多虎縣簿洪浚教民穽捕之

九年將樂霜隕稼冬旱

十年夏將樂饑

十一年秋將樂霜隕稼　八月沙縣彗星見西南方光芒燭地是年歲大登

十二年秋八月沙縣火焚民居二百家　冬地震歲復登斗米二十錢將樂大雨嚴雪魚鳥僵死

十三年沙縣耆民魏文選壽登百歲

十四年五月十四日夜南平西溪大水逆流東溪水浸至八角樓不沒者三尺壞民廬甚衆

五月順昌水漲

十五年沙縣五都有八虎爲患白日攫人行者屏跡知縣方紹魁禱於城隍三虎自投穽死餘率衆捕之患息夏五月大水　是月將樂洪水爲殃

十七年十一月將樂南隅火

十八年三月將樂雨雹

十九年五月將樂大水

二十一年將樂北隅火

二十三年正月將樂地震　夏沙縣饑　八月將樂西隅火　十月望日戌刻東南有物墜聲震地

遠近駭異　將樂沙縣大疫

二十四年沙縣旱蝗　十月十七日夜南平有星自西流大如斗墜地聲聞百里是歲大疫死者萬計

二十六年夏順昌饑

二十七年二月將樂南隅火六月南平大水

三十年十二月南平火灾燬官舍民房數千家

三十三年十一月二十二日沙縣地大震有聲如雷自西至東山林響應

三十四年將樂虎食人　五月順昌人伐松樹剖之有花下一壺酒五字

三十五年四月沙縣永安大雨水漂没民房田產無數　夏南平將樂大饑　是年南平將樂尤溪傳有馬騮精其狀如螢着人衣裾必死家家揷桃柳枝以壓之夜則鳴金擊鼓列炬於庭環婦女於中以守之有數道士鬻符於市曰此足以治怪也有司疑即彼所爲尋捕之將處以法道士遁去怪亦息　五月尤溪大風雹壞官民舍六月大饑

秋南平大疫
三十七年沙縣火灾焚民居二百餘家
三十八年十月永安馬騮見大類黑青
四十年夏沙縣旱大饑　秋冬將樂大饑大疫
四十一年將樂虎入城　五月洪水衝三華橋北
隅民居水封其戶　沙縣虎亂食人數百
四十二年八月有一虎於大路半日傷九人　冬
將樂淫雨三日溪凍不流魚僵死
四十三年夏將樂大水什城垣

四十四年將樂虎食人　五月洪水

四十五年十一月沙縣大洲坊災焚民居一百五十餘家

隆慶二年夏將樂旱

三年七月沙縣北鄉寨大雨水漲十餘丈漂去民居無數溺死者二十餘人　十二月南平災燬軍民廬四百餘家及延福門城樓劍浦驛

六年正月南平災燬軍民廬二百二十餘家　十二月沙縣災燬民居一百二十餘家

萬歷元年南平尤溪五色雲見沙縣民黄壽妻一產三男

二年五月沙縣大水入城丈餘七月大水復入城七尺許　八月南平尤溪地震　閏十二月南平災燬軍民廬舍三百所及延福門城樓

三年南平順昌將樂尤溪俱大水屋宇漂没甚衆溺死不可勝計南平尤溪大饑　冬順昌禾稼倍熟

四年六月沙縣大風雨雹　十二月南平灾燬民

居一百餘家　是年將樂蝗
五年將樂虎入城　八月二十七日沙縣有星如
白氣長數丈自西南方現直指東北至十一月漸
短小而沒　九月將樂彗星見西方經月乃散
六年五月南平大水　十月沙縣焚民居五十餘
家　十二月南平災燬民居百餘家及府署
八年十一月沙縣彗星見西北方南平火焚縣署
儀門及堂吏房
十年將樂民鄧氏妻一產三男　南平大水漂流

民居二十餘家

十一年七月沙縣災燬縣署書吏屋　十月南平災燬民居百餘家　是年將樂萬歷新錢阻格不行罷市三日　有虎自福州奔至沙縣尤溪傷民無數

十二年九月念一日戌刻將樂有星光芒如斗自東南竟天流入西北莫知墜處隨有聲隱隱如雷

十三年順昌縣治前失火延及南門城樓　二月將樂日赤者五日縣治前火災　冬府治前災燬

至四鶴門止

十四年將樂沙縣大水

十五年八月沙縣新建學宮有童子持芝獻瑞復於故處得紫色金色玉色芝之各數本

十六年六月初二日沙縣大雪雨雹飄瓦如飛葉有火一帶自空中流過

十七年夏沙縣旱冬禾稼大豐

十八年尤溪火燬宣化通駟崇文三坊民廬五百餘家

十九年南平大疫

二十二年南平沙縣尤溪饑

二十六年順昌饑

二十八年沙縣災燬民居二百餘家

二十九年順昌於林嶺火延燒民居數百所

三十年沙縣火燬民居一百五十所

三十一年沙縣西郊火燬民居百餘所　永安有怪如人形或作獸形繞梁排闥遠近驚駭

三十二年尤溪大水南平地震有虎傷人不可勝

計沙縣亦地震

三十四年尤溪災燬民居百餘所

三十五年南平學前火尤溪夏大饑冬大熟

三十六年沙縣地震雨雹大者如巨石擊壞民居

三十七年南平順昌沙縣大水溺死者無算

三十九年六月尤溪有大星尾若彗照地有光隕於南方六小星隨之其聲如雷

四十年正月南平大雷雨雹

四十一年南平災燬民居二百餘所

四十三年府治前火延燬民居一百五十餘所順
昌火城外民居一百餘所
四十四年南平大水壞民舍不可勝計
四十五年五月十一日南平見日下有紅綠暈圍
繞歷六日方解
四十八年五月五日午時有雉妖作祟水溢山崩
民多淹死　六月永安有狐妖迷惑男婦雷殛之
泰昌元年南平禾一莖三穗是年大豐尤溪大有年
天啟二年南平沙縣大風雨雹

四年順昌旱饑

五年府治前火

六年順昌秋旱　八月二十日將樂有流星如虹光芒亘天

七年五月二十三日雷震南平縣門時避雨門下者震斃三人

崇正元年南平順昌大饑

二年正月沙縣災燬民居一百餘家　十月順昌西門外火災

六年十一月南平災燬民廬百餘所　十二月沙縣祥鳳橋災人不及避焚死者三百餘人

八年七月南平災燬四門城樓并十四坊計三千餘家　八月順昌火災　是年沙縣大祲民殍枕藉

十三年五月南平大雨四鄉山崩地裂七月將樂雨黑粟　十二月初九日沙縣地震　是年沙縣火三次共燬民居二百餘所

十七年七月將樂大旗山頂有旗五色移時而滅

國朝順治二年二月初六日沙縣大風雨雹屋瓦皆飛　初八日南平大風雨雹

三年五月十二日南平沙縣雨雹　七月二十五夜沙縣星變

四年二月初六日南平沙縣地震屋瓦有聲　是月永安大水室廬田畝漂崩千數　五月南平大水地陷山崩

五年二月尤溪火燬民居數百餘家　八月南平丁癸對山五色雲見

六年四月南平災燬民廬二百餘所　夏沙縣尤溪大饑

七年將樂多虎患　四月二十五日沙縣山溪泛溢　十二月二十五日沙縣地震

八年南平虎入城傷五人　四月永安小溪水漲崩壞橋梁溺死三十餘人壞民房園圃舟楫等不可勝計　十二月二十六日南平地震劍潭水躍起數丈有異聲

十年郡城虎患傷人不可勝計　沙縣水漲壞民

居

十一年南平梅山地鳴聲如水沸是年大饑 一三

月順昌丁癸大成殿燭花祥光如輪

十二年沙縣大饑 尤溪有年

十三年正月十六日沙縣大雪 八月十三日午
時永安盃口畬村土地亭前忽見空中墜一物有
聲形如小狗角尾鱗爪悉具滾地立成一穴中有
黃泥水三日水清莫測其底

十四年沙縣尤溪大水

十五年正月沙縣大雪

十六年七月初一日南平雷擊酒務巷坊王光器屋　十一月十二日酉時地震

十八年三月沙縣大水　四月尤溪大水

康熙四年南平四月不雨至於八月　沙縣旱

六年九月南平災燬民居千餘家

七年尤溪大水

十一年將樂大饑斗米價五錢六分

十二年三月清明日尤溪火雲蔽天俄而雨雹大

作堆積數尺雨止山樹俱焚

十三年三月將樂地震　四月將樂南門街失火

其光燭天掘起石碑一塊上刻方量屋稅起天長

大土降紹興十二年五月初九日記後至康熙二

十年西路鄉民因起屋稅鴆衆破城人謂此石之

驗

十六年十一月十二日戌時將樂地震

十八年秋八月南平閩天河水鳴是日郡城災

十九年二月沙縣災燬民居九十餘家　十一月

南平彗星見西方初如匹練長竟天三旬後漸隱

没 十二月延福門城樓災

二十年將樂見太白經天又見彗星三夜

二十二年沙縣災燬民居百餘家

二十三年沙縣庠生鄭廷栢年登一百四歲 五

月沙縣大水

二十七年三月三日南平縣署災

三十三年郡城災延燒民廬一千六百餘區百通

樓燬

三十五年南平沙縣饑　永安大旱

三十六年南平永安饑

三十八年尤溪虎入城

三十九年正月元旦將樂文廟災　夏旱斗米價二錢　十二月二十九日夜沙縣大雷電

四十年南平威武坊災　沙縣大水

四十二年尤溪溪漲入城市可通舟

四十四年三月永安大雨北塔燬於雷火

四十六年南平大水入城淹壞民廬

四十八年五月雷震南平縣堂左柱　是年尤溪多虎患

四十九年五月二十五日將樂見兩日並出一東一南雙虹反背見於東方　沙縣民韓時忍年登百歲

五十年三月尤溪十四都金雞潭側有石名玉狗忽鳴如狗聲有頃崩陷　五月十一日南平尤溪沙縣地震

五十一年南平東門外災燬百餘家

五十二年五月永安大水武曲橋圮　沙縣大水
五十四年八月初三日雷擊南平普通嶺上羅氏
婦　虎入將樂城噬八　十一月沙縣大雷
五十五年夏南平疫　十二月災燬左三巷坊民
居九十餘家
五十六年二月南平延福門城樓災　九月永安
黄以僅家災延燒民居無算
五十七年四月二十九日府治前災延燬民廬二
百餘家　五月沙縣大水　八月沙縣又大水

五十九年正月將樂有錦雞集縣堂是年秋闈中
式獨盛　五月南平大水
六十年將樂沙縣旱　南平見火星甚長向南飛
雍正四年順昌饑
五年沙縣林守顯妻石氏年一百四歲
十一年沙縣民陳爾琪年登一百三歲　七月二
十三日半夜猛虎入沙縣署大堂
乾隆五年順昌大有年
八年九月南平衛後坊火延燒居民房屋二百四

十二間並及延建邵道轅門頭儀門牌樓官廳等
處 順昌饑 沙縣旱
九年十一月南平東郊外埂埕村火延燒房屋一
百三十七間 壽巖里大歷口火延燒居民房屋
二百七十六間
十二年沙縣民鄧秉仁年一百一歲
十三年四月二十二日亥刻南平壽巖里大歷口
新街村因雨水連綿洪水橫流冲壞街廬舖屋淹
斃居民林朝章一口 沙縣旱

十四年沙縣民林成祚年登一百二歲

十五年七月初九日因霪雨過多建邵二府屬山水驟發滙流延郡頃刻水高五丈有零冒過城垛城内大街水深丈餘民居盡遭水淹冲塌城鄉民房大小三百九十九間斃人三口順昌亦水漲入城將樂水壞東郊田園橋梁屋宇沙縣水淹清水坊

十六年五月沙縣大水　十二月南平水南上坊火燒斃曾子清一口　沙縣民吳辰集年登一百

五歲

十八年七月十四日南平狂風大雨雷霆擊震將左三巷坊延福門驛墻崩塌壓斃驛夫黄元弟廖得官廖三黄爛元蕭老仔五口

二十年六月沙縣兩次火灾延燒民居一百五十餘家 八月南平大北門坊火燒斃右營把總章經妻及子女共四口

二十一年夏沙縣大旱

二十五年六月初一日南平大風拔木斃民一口

府署儀門宅門俱圮
二十六年五月南平溪水驟漲瀰漫城堞逾日方退　永安西門外火燒斃民人王道亨妻余氏一口
二十七年八月南平壽巖里大歷口洋後村三角坪火燒斃居民高俊義男婦大小共十口
二十八年九月南平南門外對河水南坊火燒斃居民鄭貴福一口　十二月沙縣林氏祠堂產芝三本

二十九年四月積雨兩旬南平東西二溪水漲冲塌城垣七十八丈沙縣冲塌城垣六十二丈倒壞房屋一千七百七十三間淹斃大小男婦十四口永安冲塌城垣二十二丈倒壞房屋一千二百七十五間淹斃大小男婦十六口

附載百歲老人有年代可考者已經編次在前其無可稽考諸人姑附於此

明陳慶永安人年一百歲

饒維岳永安人年一百歲

國朝廖光先永安人年一百歲

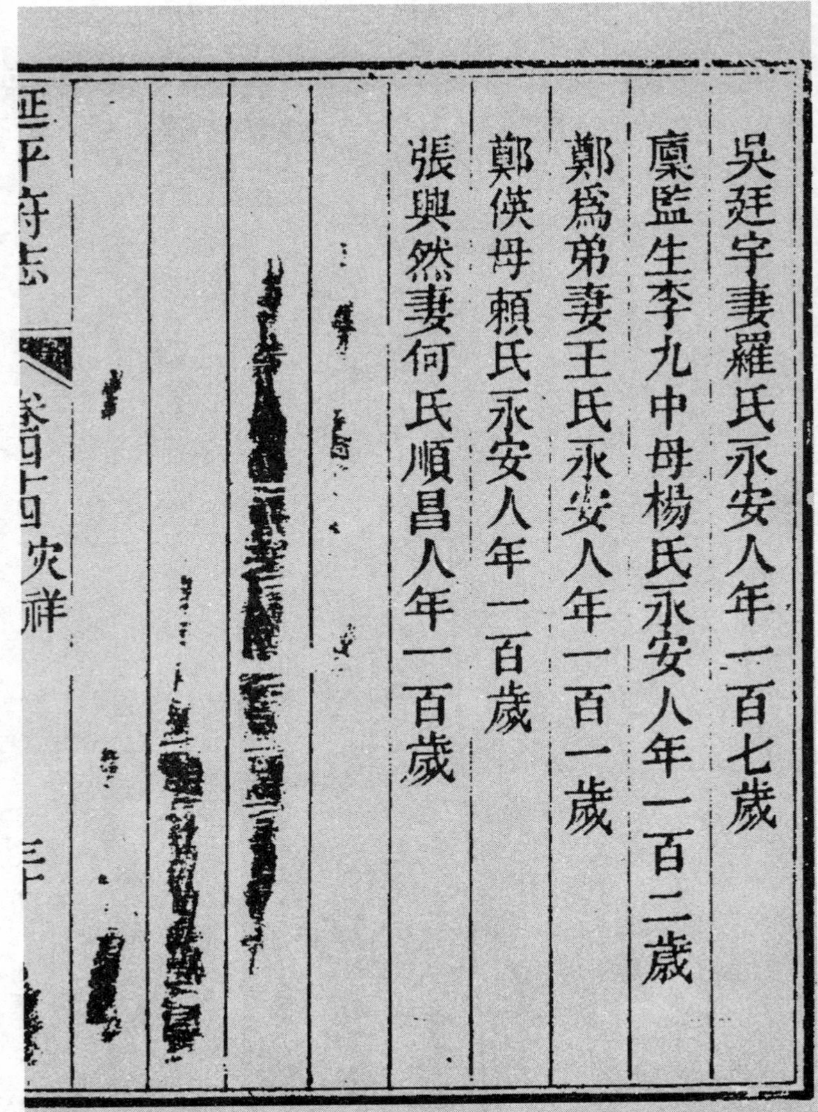

吳廷宇妻羅氏永安人年一百七歲

廩監生李九中母楊氏永安人年一百二歲

鄭爲弟妻王氏永安人年一百一歲

鄭俟母賴氏永安人年一百歲

張興然妻何氏順昌人年一百歲

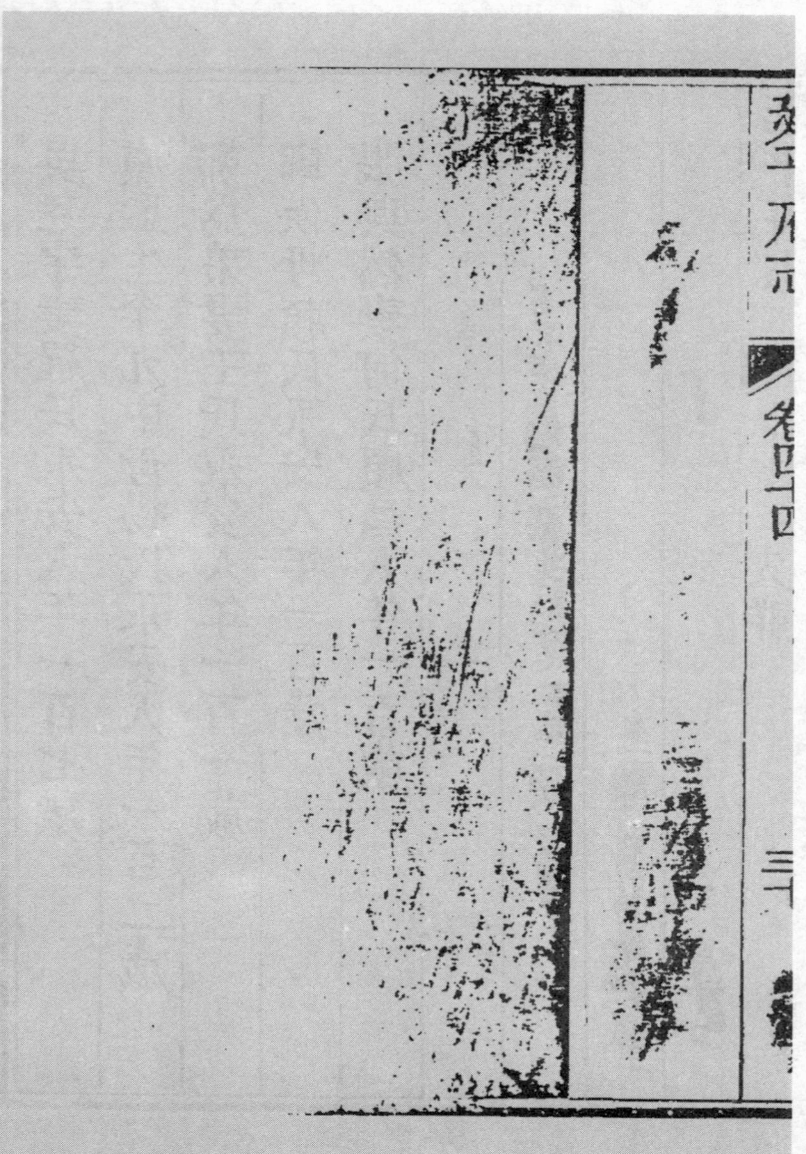

王維樑等修　廖立元等纂

【民國】明溪縣志

民國三十二年（1943）鉛印本

大事志

前事不忘後事之師也上古之世渾渾噩噩尙結繩以記事則事之不可不志也明矣况大事乎左傳有曰國之大事在戎邑之範圍雖小然廣輪百里有人民有政事亦古公侯國也其間兵發寇亂政治變遷謂爲大事誰曰不宜至災祥一端上蒼所以預示禍福者茲亦聯類並書蓋不敢謂天道遠而人道邇也作大事志

明代

正統十三年戊辰沙尤寇鄧茂七作亂僭稱閩王僞署官職八閩爲之騷動詔遣都督劉聚爲總兵陳詔劉德新爲左右參將討之兵屯明溪以中溪爲界立上下二營時人民流離竄徙不獲安生討平後巡撫御史陳員韜督府縣官撫卹瘡痍招集流亡雖稍復故土然凋敝亦甚矣

成化二十年甲辰夏霪雨溪水泛漲民居多爲所壞

弘治十五年壬戌九月大火縣署燬

嘉靖九年庚寅饑城中大火延燒官民房屋數百椽

十六年丁酉山寇刼石埠義勇陳珪統民兵逐至東二十五里之九曲

凹破之

二十一年壬寅城中大火延燒民房千餘椽

三十五年丙辰六月雨雹大如盌

三十六年丁巳三月大水

同年冬流賊寇沂州義勇陳珪與其姪鐸統民兵與戰不利死之

三十七年戊午春流賊刼蓋洋夏陽巡檢顧輝統民兵與戰不利死之

三十八年己未歲饑

四十年辛酉春雨雹自夏徂冬賊寇絡繹往返刼殺男婦遠徙雞犬無

齧田鼠食禾殆盡

四十一年壬戌流賊肆刼民廢耕作斗米一錢是年黑眚見

四十三年甲子秋火燬縣堂廨舍譙樓及西南民居殆盡

四十四年乙丑大水南北關均燬

隆慶二年戊辰大有年斗米三分

萬曆十年壬午冬城西火

十一年癸未城西火

十五年丁亥旱斗米一錢四分

十九年辛卯二月雷擊儒學儀門三楹毁

二十一年癸巳饑

二十八年庚子八月二十三日戊時地震

三十二年甲辰十一月初九日酉時地震

三十三年乙巳黑眚見

三十四年丙午三月二十三日亥時火燬譙頭捕衙廨舍惠利夫人廟
及西南民房千餘間

三十七年己酉五月地微震十月二十七日雷大震

三十八年庚戌十二月二十五日城西南隅火燬二十餘家知縣周憲
章發穀振濟家五斗

四十五年丁巳六月大水漂去北關

泰昌元年庚申大有年

天啟四年甲子二月初四日大風雨雹山川壇及演武場大木盡折城中
屋瓦被風飄墮

五年乙丑三月二十二日驟雨水浸民居深數尺

崇禎元年戊辰大饑五月斗米二錢

同年廣賊鍾秀靈等刼上杭武平界南贛巡撫陸問禮調各縣及我邑民兵禦之

三年庚午四月二十七日星隕大陂山中化爲石大如盌是月又雷擊譙樓

四年辛未流賊復犯上杭巡撫熊文燦督兵親征調本縣知縣楊起鰲掌軍於上杭三閱月賊遁去

七年甲戌九月二十日亥時大火延燒西門民房七百餘間及典史衙

八年乙亥二月十五日大雨雹十一月二十七日酉時地震

九年丙子饑斗米二錢八分

隆武元年乙酉八月賊駐石珩邑令派陳主簿率民兵截剿以庠生揭三龍往佐其軍至黃坡賊潛伏山谷邑人誤傳賊敗走相率往觀賊忽返衆盡被殺龍左右僅一僕力與拔鬭遂遇害邑令上其事於當道因龍

爲衆捐軀給匾旌之曰成仁正氣

同治十一年賊復寇縣用樓車攻城幾陷縣令急命揭春藻之子金章率衆用木搭閣城上馬路齊集樓車石矢兩下賊引退金章復同武庠陳某以繩縋城下碎賊車賊氣奪越二日燬神廟民房而去

清代

順治三年丙戌九月二十八日大圖章京統兵至縣東城十里鋪外遣兵數騎送告示一道諭速薙髮歸順庠生某往謁於軍中同城傳諭闔邑安堵如故

四年丁亥二月雷震城隍廟一柱

五年戊子饑斗米五錢

六年己丑饑

七年庚寅將樂吳賽娘聚衆作亂汀協鎮高守貴統兵堵剿降而復叛

輾轉數載人民遍受荼毒邑令楊錫齡計畫勦捕連破賊砦甲午賊勢孤將樂駐防柴自新設酒誘之手刃賽娘傳首邑城賊始平

同年十二月二十五夜地大震

八年辛卯五月大水南北兩關均圮瀕溪民居多爲所壞

十二年乙未大旱民饑斗米六錢多虎患

康熙十二年癸丑十二月城西火延燒民房百餘間

十三年甲寅九月僞知縣張延登同僞將軍劉應麟兵閉鎖四門沿家索餉荼毒特甚

十五年丙辰五月僞將軍劉應麟通海逆攻破汀郡分布部屬盤據城中人民逃匿房屋被燬殆盡

十八年己未七月城東大火燬城隍廟延燒民房數百間

以上所紀係參照舊志編入而舊志係編於康熙三十七年但自康

熙十九年起已無記載以後所紀僅就得之父老傳聞及有可稽考
者略爲記述中間疎漏甚多閱者諒之

乾隆十六年辛未五月十六日大水白沙橋被冲破至已卯始修復

四十六年辛丑元旦上顯應廟失慎不數月建築落成十一月二十七
日進土

咸豐七年丁巳四月七日石達開領衆十餘萬由江西竄入城内人民逃
匿山谷城中擄掠一空典史徐得貴死之石書純良可嘉四大字於縣
照墻上并遣鄉人主政縣令返收殺之

同年五月紅頭賊繼續蹂躪東南二百餘鄉村擄人焚屋約以萬計並
擄龍湖燬聖廟

八年戊午六月寇由中沙抵大洋塘焚屋數十家破小雅寨殺男婦千
餘焚官坊寨殺擄亦衆

同年七月紅頭賊至梓口坊等處縣令召鄉兵千餘擊之中伏死者數百乃調官兵千餘駐城數月畏葸不出致沙溪胡坊等數十鄉村被焚殆盡

同月又有花旗賊數萬寇城官兵同民兵出城冲殺賊敗走

同年八月二十日彗星現尾長數丈至重陽後乃止

同年九月二十四日石達開部十餘萬由順昌逼城以箭齎書示降當局焚書不閱决意堅守敵因屢攻不下遂在東西門郊外各處鑼鼓喧天日夜不息軍民禱於莘氏夫人乩示四維有難百姓無災八字衆皆不悟迨十月初一日突來一賊跪城脚下聲喊救命衆見其徒手用繩引上據云吾乃順昌良民也被擄不甘今特來救爾全城生靈性命余親見江西會館掘一地道擬用炸藥轟城宜早提防如有虛僞願償性命等語當局察得實情即令城中居民檢拾小石及抵禦物件搬至該

處預防裂口至初五日黎明隱聞隆隆之聲知其有變衆皆嚴陣以待俄而大震一聲破城十六垛因穴道過深石皆向外飛出反斃敵無算又漫天大霧對面不見人敵不知虛實不敢冒險冲入我軍因早有預防須臾之間城已塡就如故敵見我軍如此迅速疑爲神助空費十四晝夜攻打之勞於初七日退却淨盡是役也僅邑令羅楠死於亂石之中吳總爺足亦被壓羅令旣死百姓始悟神乩之玄妙爰僉呈其事於各憲奏准奉旨褒封莘氏夫人爲靈應夫人其報告之順昌良民亦給貲遣送回籍

同治二年癸亥十二月十三日城中因商人捕賊賊亦呼賊人民驚悸之餘互相奔避東西城門口均踏斃數人

光緒二年丙子六月大水橋樑損壞無數惠利橋兩旁店鋪坍塌數間人亦漂流

三年丁丑六月某日正午天黑如夜雞鳥歸巢居民點燈食飯半時始復原嗣聞是日係甯化張兆大在汀州被殺

十一年乙酉惠利橋大火下顯應廟被燬

十六年庚寅九月十一日東城外大街失慎下半街延燒殆盡

同年十二月某日東城外上半街又大火全街悉成灰燼

二十二年丙申九月惠利橋大火燒至賴家祠止計延燒四十餘家

二十三年丁酉十二月大雪平地深數尺井水結冰人多溶雪水為炊

二十四年戊戌四月十二日連城人羅[illegible]明冒籍考武邑令黃家輿任意袒護釀成鬧考罷市風潮

同年冬大坡樟樹為祟迷媚婦女邑中某紳往觀試以易經該怪隨口誦讀朗朗有聲久亦漸息無他異

二十九年癸卯因糧價鬧事鄉民糾衆攻城邑令王乃鈞乃下令每兩

錢粮減收錢二百文闔邑蒙庥因爲之立碑紀念

三十一年乙巳六月停歲科試本邑文童經過縣試抵汀後均聞訊而回

三十二年丙午鄉民因售豬肉事與縣役發生齟齬遂聚衆圍城旋經拿獲爲首者訊辦即解散和平了釋

三十三年丁未二月縣令羅駿聲因邑紳李泰交賴敬傳賴先傳李國霖之請開辦高等小學堂一所於北郊峨嵋書院四城則各設初等小學一所是爲我邑新學之始基

宣統二年庚戌省派法政畢業員程國藩到縣開辦自治研究所招生肄習

同年三月彗星見月餘始滅

三年辛亥春縣令徐華潤將峨嵋書院高等小學堂遷入城內改爲明

倫兩等小學堂聘師範生賴先傳爲堂長黃選登葉必青爲教員

同年七月李桼交被選爲福建省諮議局議員

同年八月黎元洪武昌起義閩省響應舉孫道仁爲大都督我邑傳檄而定

民國

中華民國元年正月張天培李能英被選福建臨時省議會議員

同年六月因縣差威逼糧款鄉民糾衆攻城被官軍擊斃十餘人始退

同年十二月在汀州複選福建正式省議會議員馮甕候補當選後補實

二年春天花流行死亡甚衆

同年二月邑紳黃玉堂賴彖培黃玉崑伍常經等創辦城右區小學一所並推舉賴先傳兼校長

同年三月匪黨劉雪成在胡坊秘密集會行爲不軌縣知事葛新銘往捕殺之

同年五月匪徒謝鉦鏜借辦黨名義在東路旦上村招搖撞騙經縣知事捕獲棄市

同年冬夏陽巡檢缺奉裁

三年正月初三日上午九時地大震約十分鐘

同年三月初二午黑雲如墨大雨雹如盌如拳屋瓦紛飛沙溪梓口坊一帶甚至有雹落灶房擊破鍋鼎者

同月縣知事林煥章協同明倫小學校長賴先傳建築該校後進兩層樓式教室四座

同年五月匪類童慶邦賴優優李勾勾等在夏陽一帶作亂縣知事林煥章往捕殺之

同年十二月漳州道禁煙委員彭漢樓在地尾勸禁鄉民激動公憤鬧成鉅案

四年大有年斗米一錢八分

同年正月初三日縣知事陳鴻澤帶領巡防隊赴地尾查辦彭案鄉民糾衆抗捕軍隊開槍殺十餘人捕數人焚土嶺村民房三十餘家全鄉悉成焦土後由張天培出首控告陳亦去職

同月初五日大雪深尺許

同年九月初匪徒在夏陽及白蓮一帶開賭滋事官軍剿辦不利

同年十二月二十日大雪竟日

五年四月城中商號益泰豐等五家赴沙辦貨舟經洋口仔被匪擄去勒贖三千餘金爲同光以後匪徒綁擄肉票之始

同年九月火燬北關城樓並延燒民房十餘家該樓由邑紳賴道衡捐

銘三諸人設法建復棟宇一新厥後匪勢日熾城中四門設立民團該處爲辦事人員及團丁駐所

六年正月初五日其大震屋宇搖動淅淅有聲墻垣傾倒缸水溢外

同月省派張營長守鎮駐縣勦匪招撫郭錦堂爲緝捕隊長

同年十二月匪首呂錦標化裝軍隊到石珩誘富紳開會擄去數十人勒贖萬金以上

七年五月呂匪錦標駐城派索鉅餉人心皇皇

同年六月十九日省軍李德懿先鋒郭錦堂以大礮機關槍圍城呂匪潰逃四鄉人民恨匪最深連日捉匪送槍決者達七十二人

同年九月援閩粵軍大隊到縣委鍾大煇爲縣知事

八年粵軍營長張學才駐防縣內紀律嚴明

同年十二月初四夜火燒禮社巷張屋

九年九月粤軍因廣東大變大部退去僅留龍排長駐城省派楊連長
鎮潜知事羅汝澤來明收復龍排長及知事袁蔭曾倉皇而退
十年十月胡坊葉學魁組自治軍以白雲山爲巢穴陸軍第二十四旅
關營進勦遷怒胡坊焚土堡兩座城內有加入者逼勒城內殷富購買
其房屋
同年同月十一日夜城內東街大火燬店鋪數十家損失綦重關帝廟
暨城樓亦波及焉
十一年正月二十八日駐軍奉調城中空虛公推劉書傳等赴沙代表
請兵塡防舟至杉口下觸礁覆沒餘皆獲救惟劉葬身魚腹因公受難
亦云慘矣
同年二月初一日防軍調杉口僅留韓司務長及軍士二十餘人守城
葉學魁領自治軍四營攻城二晝夜正危急間將樂援軍大至葉潰退

同月初八日楊鎮藩回防招撫葉學魁爲清鄉局局長糧串每張增收四十文爲經費

同月大水北關橋冲毁漂去小孩二人

同年三月梓口坊小舟開始通沙溪

同年五月十一日蓋洋大水平地漲二丈餘店房人畜漂去無數

同年九月十六日天候冷欠旱大霜蔬果種子多凍死翌年果樹不華不實

同月十九日葉學魁向縣逼餉縣知事羅汝澤密令警隊殺之

同月二十六日藍玉田領軍由胡坊襲城縣知事羅汝澤攜印出走

同年十月二十日藍玉田召集紳商開會選舉葉挺華爲縣知事

同年十一月十一日羅汝澤隨同王獻臣部隊兩營回縣藍退地尾羅大捕葉任人員人民驚惶萬狀

同月郭錦堂圍攻將樂常得勝部獲械千餘羅知事聞訊恐甚因同王部退清流縣印交張團總鎭南保管

同年十二月藍玉田回防葉挺華亦復任

同月郭錦堂擁統領大隊擁縣士氣甚旺向清流直進在嵩溪與王部開戰旋又劃界爲守

同月省委龔大增爲縣知事葉挺華退職

同月郭錦堂陸續編陸軍第一旅旅長劉沙歸永三縣爲其防地

十二年五月十一日閩粵人部四十九團團長蔣啓鳳部到縣郭部羅廷輝退防衆將關士兵僅千餘派民團挑夫遂五百不足則任意縱兵遂捕虜待遇殘酷不忍睹禁閉如同囚獄死亡時有所聞逃人有去縣同者不知凡幾全邑騷然軍紀之混亂極矣實爲兵之一戰而潰也

同年八月有馮煥章由四川寄來傳單預言中秋日必有大風雨天冷有如雨雪數日不分晝夜等語軍政界及民間均半信半疑但多預備

乾糧衣服而待至時不識厥後報載日本於是日大地震損失奇重

同年九月蔣團調離部回防

十三年十月郭錦棠病逝厥弟鳳鳴繼任旅長盧興邦部乘機攻取永安郭全部退明溪人民供億頻繁

十四年六月大旱軍政界祈雨不應

同年九月十三日開始修復東城關帝廟董其事者為黃玉崑談膺節於是年冬落成並新塑神像三尊同時進主恢復舊觀

同月民團團總張鐵雨被郭部疑其坐探通敵飭其部屬陳安邦殺之

按是年時局多故土匪蜂起東有李宜芳鍾維佐南有羅明漢姜錫典北路鄧錦標水木生蔣桂芳李騰泉等不下十餘股騷擾四鄉城中人民則有軍隊擔擾不敢越雷池一步

十五年春夏饑斗米九錢是年金融混亂軍閥各據一方互相自鑄小洋初則每大洋一元換十餘角繼則易至二十餘角終則三十餘角四十餘角不等斗米九錢約中大洋一元三四角

同年九月國民軍入閩周蔭人部敗退由邑過境軍無紀律人民備受騷擾

同年十月國民軍章慶高吳德隆謝毅等部羣集邑城縣知事晉逃政務無主復公舉葉挺華為縣知事

同年十二月十八日夜半郭部王營與吳德隆部衝突火併槍聲大作人民驚慌萬狀嗣經邑紳調停始止

十六年二月省委縣長姚時叙未到任經另組縣務委員會主持政務由葉大增任主任委員

同月邑教育界呈准設立培英初級中學

同年四月童慶高部周某奉令調防行至十里鋪突然叛變正擬寇城適李兆炳部由西門入周始退去

同年六月黃國華以國民革命軍第九路司令名義來縣招撫報經省

准委葉大增爲縣長

同年九月初四日匪首李永泉假託軍隊名義率匪徒數百人進據蓋洋民間財物搜索一空

十七年元月郭鳳鳴部派王松林營長到地接防並委鍾達爲縣長

同年二月盧興邦部兩團進攻邑城王營退却鍾縣長亦隨去

同月邑紳復舉葉鋌華爲縣長

同年十二月初三日火燬東郊外吳厝嶺店鋪十餘間

同月十八日惠利橋大火石牌坊下兩旁店鋪悉燬

十八年二月初四日匪黨攻汀州城破郭鳳鳴中流彈亡軍政界聞訊闔邑戒嚴

同年八月匪首聚桂芳鄒順生等攻蓋洋彭公寨不克憤將土堡民房焚燬而去

同年十月十四日匪[illegible]鄒順生等刼石珩擄去男婦四十八人並被勒索鉅款鄉民困苦不堪

同年十一月匪黨千餘人突到淸流之林畲經蠶嶺轉泉上攻寧化明城飽受虛驚

同年十二月初四夜火焚西城內祭屋

十九年三月縣長方龢赴省不回縣政無主因公舉羅宗南爲縣長

同年六月匪竄寧化邑民惴惴不安

同年八月縣長謝兆明殺民團團總蔡威

同年十一月省軍周志羣部大隊到縣旋分駐淸寧兩邑

二十年元月縣長謝兆明赴省不回邑人組縣政委員曾舉揭賢士爲主席維持政務

同年二月縣府招撫嚴明漢爲民團團總准駐城內

同年春夏間瘟疫流行甚厲

同年四月八日大風雹鄉民有見雹紅血色者

同年五月二十二日匪黨羅部二三萬人由將窟邑焚殺擄掠折毀城垣並焚東城外陽姓屋一所數日始退彼時人民逃避一空

同年八月初五日匪首鄧錦標化裝襲城擄去殷富三十餘勒贖萬金

同年十二月十三日匪黨竄嵩溪人民聞風避往鄰縣沿途扶老攜幼挑箱負篋之狀目不忍睹

同月二十五日馬鴻勳部由上杭開駐邑城

二十一年一月一心會大熾　按一心會又名大刀會自謂能以符咒避免槍礮可以抵抗土匪爲自衛最便良法吾邑人民歷受匪害致入會者爭先恐後政府亦利用之以勦匪匪果絕跡嗣因入會複雜宗旨漸變竟有與官軍反抗現爲政府厲禁

同年四月馬部開蓋洋勦大刀會中途遇伏損失綦重

同月鄉區大刀會屢次圍城攻馬部不克

同年五月二十八日盧部派隊攻馬鴻勳部大刀會亦參加作戰圍城二十餘日馬援絶彈盡至六月二十三日棄城突圍出盧部入城向民間搜查馬部道黨

同年十月初一日匪黨千餘人竄邑城擄刼數日旋退去

同月十六日盧部返防

同年十一月十五日匪黨圍攻邑城盧部王連出城突擊匪潰退圍解

同年十二月十二日　部退去匪黨大隊經邑城攻將泰

同月除夕匪黨攻將泰不克經邑城退甯化

二十二年元月烏獐入城人民以爲不祥捉獲後放於山麓並化紙錢送之

同年二月盧部奉令駐紮邑城並派大隊分駐清流泉上爲犄角之勢

同年春夏間大饑斗米售大洋近三元

同年四月奉令改歸化縣爲明溪縣

同月十四日大水白沙橋濟川橋等均冲毁蓋洋亦大水爲災平地高至二三丈橋梁屋宇田地崩壞不少

同年閏五月十七日匪黨大部圍攻泉上土堡并分隊突襲邑城城被陷

同年六月十二日夜半星月交輝天開一隙奇光射地

同月二十七日匪部十萬餘人經邑城往攻將沙順延等地自是匪類絡繹往返來去不時人民逃避外鄉城鄉十室九空縣長亦逃匿自是軍政無主僅有民團與匪周旋

同年十月初四日中央飛機開抵縣空偵察

同年十一月二十一日匪黨據邑城不退另組僞政府人民多遭慘殺

二十三年元月十八日明清寧各縣民團暨一心會千餘人圍攻據城

匪黨激戰竟日

同年二月初一日盧部大隊分兩路進攻邑城激戰一晝夜匪正潰退聞沙縣何山突來助匪中外冲殺盧部不支而退

同月初九日中央軍第十師會同盧部進剿匪不支潰退

同月十二日中央軍退將樂匪伏鐵嶺截擊雙方奮力冲殺中央軍雖斬匪無數但亦損失不少

同年三月初三日盧部悉數退沙縣匪復入城據守

同月十日匪焚東門外河塘角店舖二十餘間以備作戰

同年八月二十三日江西匪穴被官軍擊破邑匪聞訊自動縮退清流

同年九月省派康子常爲縣長因縣府被燬以東門學務公所爲辦事處

同年十月盧部奉令收復縣城仍駐守城內輯撫流亡還鄉者日衆

二十四年二月二十六日殘匪千餘人竄白蓮經夏陽轉沙溪擬乘虛襲城幸盧部跟蹤追勦尾至沙溪雙方接觸匪不支分途四散被俘三百餘人

同年五月奉令蠲免錢粮人民大悅閩自匪黨西竄後政府念人民痛苦特將吾邑二十三年以前欠糧悉數蠲免二十四年錢糧亦分別減免第一區之城區與附郭均減免十分之二第三區之柳里計減免十分之四覺里全免東南照舊征收其他捐稅亦多核減民困漸蘇道途亦靖且物價跌落斗米僅四角餘鹽每大洋一元六七斤雞鴨魚肉每斤不過三四角頓現出昇平景象惟冬間田鼠甚多噬取禾穀亦一恨事

二十五年縣長劉澄清新建縣政府行開工典禮

同年歲豐稔斗米僅三角餘

二十六年開始修築明華公路

同年三月初一日火焚葉屋

同年四月陳教官鋤非赴揭地檢閱壯丁因合匪圍攻區署該教官及

區員董步安錄事林道生均遇害

同月初六夜西城大火焚店鋪五十餘家西街為邑城商業中心精華淨盡

同年六月十六日上石珩水口塘地方忽聞泥洞馬嘶有光騰出該地原有平壠水田百餘畝經住民王德球等持搶望光射擊霎時間泥由地湧出即巨石亦被翻起百餘畝良田盡變為沙石荒野人謂為蟄蛟振動云

同年七月因蘆溝橋事變邑人僑居榕垣者其眷屬均紛紛歸里

同年十一月二十三日沙縣界大刀會串同鄉民攻城當被官軍擊斃數人旋即退走

二十七年二月初三日縣政府落成縣政人員搬入辦公

同年五月初一日霪雨連綿溪洪暴發橋梁田畝坍塌無數東城腳下

黃姓屋水深四五尺

同年六月十六日顯應廟因屋宇塌漏由邑紳募款重修

同年七月十一日文廟因疊遭兵燹僅存正殿梁柱由邑紳募款將正殿重行修建

二十八年十一月米價大漲斗米一元七八角

同年十二月初四夜火燒北門張屋按民國八年十二月初四夜火燒張屋十八年十二月初四夜火燒焚屋今北門張屋亦於本年十二月初四夜焚燬三處失愼年均逢八且均爲十二月初四夜亦云奇矣

二十九年黃詰被選爲福建省臨時參議會參議員

同年七月二十七日大刀會襲夏陽搗毀鄉公所殺公務人員七人次晨連襲梓口坊區署殺辦事員數人城內一夕數驚

同年八月初一日大刀會匪襲胡坊毀鄉公所及中心小學駐一日夜迨軍隊趕到始退

同年十月初一日張教官有循等藉口破除迷信慫恿縣長聯合各界將各庵廟神像巡行焚燬莘夫人像亦波及焉（按莘夫人像已於三十一年由黃玉崐等提供捐資召匠重塑於是年六月初九日開光朗日繞境迎賽異常熱鬧）

同年十一月米價大漲斗米三元餘

同年十二月初十日火燬迎暉閣及伽藍廟

三十年八月初一日正午日蝕天黑如黃昏僅在雲隙裏見日如初三之月霎時即沒

同年十一月米價大漲斗米十二三元

同年十一月二十七日因龍門橋（即白沙橋）坍塌多年由王縣長維樑召集邑紳葉大墩黃玉崐等多人組設明溪縣修建龍門橋委員會募款籌建並於是年先由葉大墩等召匠估計約以九萬元之木石工料交會議決通過即由葉大墩黃玉崐等負責積極進行（按該石橋已於三十一年十月全部工竣計支）

付工料價洋銀五萬八千餘元該橋面積直長三十一丈橫寬二丈四尺現經鐵架遞橋屢因輪傾飛濕款項不敷經關會議決改築三合土以勒竣開

同年十二月初六日近黃昏時有水鳧數萬飛翔過境天空為之一蔽

同年十二月二十七日連日大雪深尺許為數十年所未有

三十一年早稻收成後天氣亢旱晚稻生蟲紅首綠身長者寸餘嚙穗凋枝滿落田畝於東路為甚據父老云此蟲向來所未有究屬何名不能辨識殆螽賊類也

同年米價大漲至十二月間已漲至三十餘元一斗

林善慶修　王瓊纂

【民國】清流縣志

民國三十六年(1947)鉛印本

清流縣志卷之四

大事志

王琼 纂

宋哲宗元符元年戊寅，奏置清流縣。初，清流驛，原為寧化縣倉盈里，提刑王祖道，行部至驛，以長汀寧化，壤地較遠，難於政務，奏析寧化六團里，長汀二團里益之，移驛置縣，隸汀州。縣分二鄉，曰析桂鄉，曰龍山鄉。辟長汀縣丞劉鼓為令，始構縣治堂廨。

高宗紹興間，汀屬盜起，攻攪縣鎮，縣治毀於寇。

理宗紹定二年，己丑春晏頭陀夢彪，嘯聚寧化潭飛磜，攻攪汀境，殘破寧化清流將樂諸邑。詔起復陳韡知南劍州，兼福建路

鐵城詩社會局承印

招捕使時盜急攻汀州，淮西帥曾式中，調淮兵三千五百人、由泉漳間道入，擊賊於順昌，勝之，六月兵大合，七月韓親提兵至沙縣順昌將樂清流寧化，所至克捷，汀境皆平，

穆宗端平元年甲午縣令王元瑞重建縣治

景炎二年丁丑元至元十四年七月，文天祥開府南劍州，經略江西，十月帥師次汀州，阿剌罕兵入州汀，汀守黄去疾有異志天祥乃移軍漳州未幾黄去疾以城降元

元至正十五年升汀州為路隸福建行中書省

十八年分撥汀州四萬戶鈔一千六百錠為魯國公主歲賜世祖女囊加真公主下嫁幹羅陳以汀州路長汀寧化清流武平上杭連城為公主

賜地六縣之達魯花赤聽其陪臣自為之

元延祐二年贛州民蔡五九等率衆鈔汀漳諸路陷寧化僭稱王號詔遣浙江行省平章張閭等討平之五九伏誅

元至正六年　連城縣民羅天麟陳積萬叛陷長汀擁衆寇縣城陷縣廨儒學均燬

至正十二年寧化賊曹柳順寇縣邑之明溪驛人陳有定擒誅之初曹擁衆萬八入寇遣先鋒八十人來明溪取馬衆莫敢拒時友定為明溪兵牌計紿取兵器盡殄之柳順怒親率步騎將屠明溪友定馳擊之斬獲大半擒柳順以歸事聞授友定為清流明溪寨巡檢

汀州路判官蔡公安至清流募兵陳有定謁見談軍事公安奇之授以

流黃土砦巡檢　有定率所部從討延年邵武諸山賊平之陞清流簿尋遷清流縣尹

至正十八年戊戌十一月癸卯陳友諒陷汀州路

十九年己亥陳友諒將鄧克明既陷汀州進圍清流斯時行省已授友定延平路總管遂自平安寨間道馳回集之戰於黃土夜襲其營大敗之克明僅以身免

陳友定繕修崆峽嶺關寨旋遷汀州路總管

至正二十年庚子鄧克明復犯縣境邑人伍宗堯與子希稷希明希周希孔同戰死見舊志監察御史周起元忠烈祠記

至正二十七年壬寅五月陳有定鑿九龍灘石通舟楫以運糧明永樂

十四年沙寇陳天寶寇縣城伯典史袁必文訪執不屈遂遇害見舊志續縣治沿革圖說

明永樂十九年辛丑縣令李庠重建儒學

正統十三年戊辰十一月沙尤寇鄧茂七分黨陳景正擁衆二萬餘抵邑坎夢溪進逼鐵石巡檢林執中以攻埠埠縣令呂鉐提鄉兵赴之戮羅姜二總勢殺振終以衆寡不敵陷賊中賊欲逼降不屈魏老人得祿謂令賢請以身代賊怒巡檢縣令與魏得祿並遇害見舊志援寧化鄉賢忠[illegible]祠記

茂七之變清流人賴編修世隆請擇智勇大臣征討陳山川險易進兵方略切中機宜上嘉納命寧陽侯陳懋統師征之因命世隆爲導同軍裕撫延建世隆先遣千人回汀擒賊首陳美九蔡田等解赴軍門招集延汀徵亡十餘萬後以事忤權家前功竟掩時論惜之臨汀彙考

閩城新新書局承印

景泰元年庚午邑人縣刑曹椽御寇於楊梅逕戰竟日鄉民賴以保全瑤死於難

成化七年辛卯從巡撫滕昭之奏析清流之歸上歸下二里益明溪驛置歸化縣

成化二十一年乙巳夏霪雨山水驟漲市鄉田廬蕩析人畜多溺死同時寧歸長連上永六縣皆然

正德五年春流賊竊發知縣林湜築草城縣丞蕭禎斷龍津鳳翔二橋以拒之舊志 秋八月賊首蘇恭擁衆八百攻城城幾陷同知唐淳率民兵入援賊宵遁舊志見唐公生祠記

按是時汀州大帽山賊張時旺黃鏞劉隆李四仔等聚衆稱王攻剽城

邑延及江西廣東之境官軍討之輒敗詔起周南督南贛軍務南集諸道

兵擊之時旺等以次擒獲境內遂寧

正德十四年縣令余禕重修儒學

嘉靖十六年四月既望大雨災與成化二十一年同

十九年賊首黃信倡亂知縣歐陽建平之 見福建通志

二十二年冬寧化土賊李受潛入寇知縣陳桂芳覺而擒之餘黨悉平

三十五年丙辰正月十七日大雨雹四月二十三日洪水漂沒田廬人

畜無算城內可行舟艇 舊志祥異

三十七年戊午，徐中行出知汀州，公至，而廣寇蕭五，擁萬衆

猝來寇、諸縣令各受公教，飭兵登陴，賊不能破， 長汀志 九月流寇

寇掠縣境，抵郭外白石橋，民兵逐之，引退，(舊志寇變)

三十九年庚申黃竹花，諺云，黃竹若開花，人頭混泥沙，次年賊盜起，鄉村儲穀概被燬，夏秋大饑，斗米價一錢有奇，野有餓殍，(舊志)

四十年，辛酉，四月，流寇千餘人，自連城來營於南寨巔攻城日夕衝突知縣俞文鵬，督民兵堅壁防禦、城賴以全(舊志吳應章俞公報德祠記)

按長汀志，是年廣賊張漣入寇，知府楊世芳禦之，民恃無恐，張漣饒平烏石人，與程鄉賊林朝曦，大埔賊蕭晚，羅袍，小靖賊張公佑，賴賜，白兔，李東津等，各踞巢穴，僭帝號，改元，署官，聚衆數萬，縱掠汀漳延建連城，及寧都瑞金，攻陷雲霄，鎮

海衛，南靖諸城，三省搖動云，此股流寇，當亦廣寇張璉等殘部也，

未數日，有流寇自永安來，不下千計，文明令四門嚴守，旬日、寇遁 仝上

是年冬十月，有寇自歸化路至，擁衆直抵東門，東門有兵橋，名龍津，民在橋者數百，相踐藉死潰，文明直前，揮衆退敵，矢石俱發，寇始却，未半日，寇退 仝上

萬曆三十年壬寅，是歲連城有浮糧五百六十餘兩，飛派汀屬七邑，每石正糧外，爲連帶派八釐，縣長蔣育馨，獨不執從，爲民力請，嗣六邑各引清例控上，得罷派，民甚德之，舊志官績

明城新新書局承印

四十二年，後街災，西門新街連年災，至崇禎十年後甫息 舊志詳具

天啓元年，春，有鳥至，聲唤快耕快鋤，謂為催耕鳥，

二月初四夜，大雨雹，擊殺牛畜，

天啓七年，洪水冲崩龍津鳳翔二橋，

米每斗一錢七分，

崇禎元年，戊辰正月初一日，寺前坊災、

是歲武平賊首蘇阿婆等，聚衆千人，廣東平遠賊謝志良，糾黨應之，擄武平屬 守備指揮戰死，千百户死者數員、郡邑大震，舊志

三年庚午，五月十六日、儒學坊災 舊志詳具

四年辛未，正月二十五日，縣前坊災， 仝上

是歲平遠賊謝志良餘黨，鍾凌秀與弟復秀嘯聚達子山，銅鼓嶂，邑報警 舊志范叟

九月督撫熊文燦，提兵入汀，奉旨諭熊會贛廣兩院會剿 仝上

五年壬申，四月二十日大水，二十一日子時地震 舊志祥異

八年乙亥，五月斗米二錢二分，七里告饑，貧民相率掠奪富民米，十數日方定 仝上

十一月十六日，酉時地震 仝上

九年，丙子，二月饑、作粥食饑民 仝上

十月樊廟災， 仝上

十年丁丑，四月樊廟落成 舊志

寧化縣新志局承印

六月二十四日夜，寅初天空自西徂東，有光照人，明如皓月，

倏而電斂搖晃，一瞥即合，人謂天開眼云，舊志祥異

十三年庚辰，七月十五日，亥時地震 仝上

十四年辛巳，四月二十四日，兩日摩盪，如是者三日 仝上

十五年壬午，六月告饑，

十月初四日午時，大雷電

十六年癸未城外有虎患，

十七年甲申六月十五日，崇禎哀詔到縣，

興泉饑大熾，督撫張肯堂，提師捕之，賊從南擾汀境，粵寇蕭

舉陳丹，率衆數千，號闖羅總，出沒虔州邊境、漸逼汀州，郡邑

告急，（舊志寇變附□□）

七月二十日，明倫堂災。（舊志祥異）

八月十二日，鐵石爐匪窃發，抄掠鄉村。

十二月十三日，巡撫張肯堂至自延平，旋赴汀州，委清流主簿俞為斌，招撫爐匪，復委於巡道華五（前寧化知縣）諭撫之，就撫三百餘人，遣官部著，出發湖廣。（舊志寇變）

弘光元年乙酉，五月，寧化縣民鄧華統匪千衆，掠燬曹坊，知縣陶鳴鸞，飭民登陴守禦。（舊志寇變）

（弘光元年 隆武元年）八月，粤寇攻歸化，弗克，竄縣境，攻江坊，燬屋坪豬寨，搶掠無算；十一月結營東郭外，及北河沿，衆五六千，四日平明圍攻南寨，九日復攻北關，城中戒備嚴，非退，郡發威遠營兵至，夾擊，敗之，殺獲甚眾，邑賴以全，舊志范[illegible]公生祠記

明隆武二年 清順治三年 丙戌，六月二十六日，寧化長關黃通黨，黃吉黃泰，率楊家店，燧水塘左右龍汾，田兵千人，猝入城肆掠，縣民憤激，閉城大索，殲五十餘人，田兵始倉皇奔竄，舊志兵燹

未數日，田兵復聚數千逼城，城內義勇嬰城固守，間出擊之，賊走死相望，及收隊，又圍城如故，寧聞知府汪指南、蒞邑招撫，構獲平息，仝上

同月二十八日，未時地震，舊志祥異

八月清師入仙霞關、二十二日帝自延平出奔、二十七日抵汀州

、駐二日，清兵追及之、逐執帝於朱紫坊之趙家塘、曾妃同受縶、宮眷從臣，死者十餘人，總兵周之藩戰死、知府汪指南降，妃至九龍灘死於水、帝死於福州、

十一月高地民余煤、據險劫掠，民不安枕，知府李茂蘭，至寧化親詣四沙、招黄通，給與守備劄而返，通既受劄，更自出劄受千總，每一劄送鄉之殷實，或黠猾者，吹鼓旗導至舍，儼如朝命、千總受劄後，復肯私鈐，送界鄉之豪，而取償焉、自清流、歸化，泰寧，永安，沙縣，諸村落，千總令旗，往來如織 縣志書政

顺治四年丁亥、三月二十八日，南門月城内灾， 舊志祥異

四月十六日，汀州寇文龍、建姪泰宇，所黨通於下埠，並執通弟允倉，自是諸鄉遂絕千人蹤跡 據舊志

六月七里告饑， 舊志

九月桃花徧開， 舊志祥異

是歲有市姑，於市釀酒，漉滴貯甕，彌月啓器視之，燦然花也，邑人李于堅，賦詩十六首，以紀其異， 仝上

十月十九日，總兵于永綬，發兵至高地攻余燦、燦賄文龍部屬、脫圍走，詣總鎮府投誠， 舊志寇變

是時民間糴無所得，邑紳李于堅，首言，賓粥飫饑，集議救荒之策，平價編糴，計口授糧，迄冬十月始平，闔邑感德，建碑祠

以報之。（[illegible]）

六月，有粤寇張黄二姓，由永定上杭出清流鄉、而抵延祥，楊家兄弟與戰，敗死，寇遁出縣境，（[illegible]）

六年己丑，立春[illegible]毛揭義聚新富豬青溪四處劫掠（[illegible]）

二月台縣大水

五月五日雷（[illegible]）

六月八日，李道發率兵千人，剿青溪寇，餘黨斬獲有差，揭毛走詣總鎮府投誠，被守備劉，（[illegible]）

饑米斗三錢

七年戊寅，知縣郭漢儒，以毛義等叛服不常，誅之，

甌城新新書局承印

四月四日大水，城中水深七尺，衝毀田塘民廬無數，

十月，四營頭賊林珍、黄徽印等，突駐嶺關，及温家山，分頭

焚掠，至十二月除日，忽從泉上蓮花頂入烏村兩嶺千餘遂遭其毒

四營頭者，始皆明之潰將，合衆至數萬人，往來邵武建昌贛州各

郡縣，所過地毛如洗，至是四營敗，離析其營，分頭剽掠 臨汀彙考

十一月十三日，廣賊圍田源土堡，復竄嵩溪，蹂躪各村落 舊志寇變

十二月己丑時地震，有聲， 舊志祥異

八年辛卯閏二月總兵王之綱，提兵至寧化，剿寧文龍，以其擅

殺副將吳奎龍也，文龍未獲，六月王復由寧至高地剿文龍，攻余

坊土堡，文龍仍未獲， 舊志寇變

駐縣弁武宏謨，率兵圍右龍坊寨，擒田兵二十五人，盡戮之 仝上

五月三日晚，大水入城，壞民廬， 同光[illegible]

九年壬辰，北關城門鳴， 仝上

十年癸巳，四鄉多虎患，六月十四日，虎入城，七月十三日，虎踞龍山傷人，夜漏三鼓有從宅者遇虎，紛擾三四年，患始息 仝上

十一年甲午大旱，十一月八日，寅時天銃響，轟轟轟如雷 仝上

十二年乙未，三月十三日，京師發兵萬人，駐防汀州，四月分駐八邑，我邑駐兵五百，馬一百，署印通判柏應詔，派富民供給，十二月奉令調回，

十三年丙申正月雪，平地厚一尺有餘，秋大有， 舊志祥異

是歲張王二婦，倡妖教於蓮家嶺，聚衆數百，總兵王之綱，發兵收之，二婦伏誅，舊志寇史

十四年丁酉六月，官民祈雨連日，大雨如注，穀頗熟，侯惠祥異

十一月四日，白馬坊災，仝上

十五年戊戌，六月一日，大水，城中深三尺，龍津鳳翔二座橋衝毀、仝上

康熙二年癸卯，十二月二十八日，臨葭坊災，仝上

三年甲辰，五月十五夜，縣署倉庫、五通廟察院各司，同時並災，大旱祈雨，物價騰貴、

七年戊申，二月廿六日，酉時西南有雲，如劍光月影，

八年己酉，五月十四日，卯時大雨，雷震太平坊武公祠、旋復震塔背坊、民居炊房，陷地三尺，河水漲入城，

七月二十四日未時，震萬壽寺塔，銅頂飛落人家，

八月初五日洪水陡漲，東西二門瓦橋，南北二門浮橋漂、

九年庚戌，秋旱、十月十四日辰時，南門災，十七日酉時儒學前白馬坊法海坊同災、

十年辛亥，五月六日大雨滂沱，水入城中，九日洪漲復入城，龍津鳳翔二橋，逐流而去，田園損壞，不可數計，

六月二十五日，未時雷雨，降雹大若鷄子，雷震死二人，其一復蘇，

十二年癸丑，九月十八日，寅初，東方火線一條，自空而下，聲如雷，　仝上

十三年甲寅，三月十五日，耿精忠反於福州，廿九日僞檄至汀州，守將劉應麟，據城以應，精忠授應麟懷遠將軍，

自閩海叛，盜賊蜂起，鄉民所在結寨自固，四月廿一日，賊攻塘背藍家衕諸寨，殺丁壯四十餘人，邑中戒嚴，二十三日，知縣李含培，把總王坤，領兵赴嵩溪剿賊，廩生李亭，率義民數千從，抵分水凹，與賊前鋒接，賊折回，晌午，追至吳地上坑峽内，中伏，殺傷官兵七人，義民一百餘人，坤潰走，含培亭陷賊中，三鼓含培生還，亭不屈，駡賊遇害、　舊志匯要

十四年，土賊董秀，聞偽將軍投誠，悉授偽銜，參遊守把，遍佈村落，（舊志寇變）

五月精忠汀州守將劉應麟、以州款於鄭經，使後提督吳淑入守之，封應麟為奉明伯，分佈海寇踞城，比戶供養，邑民不堪，相率遁匿山谷中，（舊志）

十二月二十三日，清兵入閩、應麟自焚其居而遁、踞城海寇席捲物資竄走。（舊志寇變）

十六年，康親王傑書，奏副都統伯穆赫林等，追剿海寇，恢復建甯，甯化，長汀，歸化，清流、連城等六縣、及汀州府城，招降偽官七十三員、兵丁二千五百餘人，（東華錄）

二月上諭戶部閩地經海寇擾害、又迭遭暴征橫斂民困已極、今年錢糧盡與蠲免，　仝上

二十年辛酉，羅村夢溪民，結隊圍城，先是邑境當衝，軍隊更番往來，疲於供應，知縣王鼎新，科派繁重，征比嚴厲，民弗任，有怨聲，莠民乘之，遂糾眾圍城，警報至郡，知府臨邑，諭撫之、令其解散，亂乃定，官以浮躁調任，

二十九年庚午，教諭徐其璋，重建啓聖公祠，

三十年辛未，八月二十九日，祠落成，

三十八年己卯、縣令湯傳槩、倡修儒學，

四十年辛巳、縣令王士俊，重修儒學，

乾隆三年　正月，諭閩省各縣丁糧，俱已適中，惟漳州府之平和縣，汀州府之清流縣，延平府之永安縣，尚有田少丁多之苦、着該督撫斟酌裁減，議奏、

嘉慶五年　大水，

嘉慶　乙卯　重建文廟，

道光九年己丑四月，知縣喬有豫，重建崇聖祠明倫堂，

道光九年己丑縣志成，

十年，知縣吳光漢倡修儒學、移文廟坐向、同時龍津書院、試院義學，文昌宮，東西二橋、陸續興作，次第舉功，人民德之、

咸豐六年，丙辰，紅頭賊起，知縣晏紹曾任内虛積、未解、賦

崇林狗，勾給縣刑書李黃狗為內應，擁衆入城，劫庫銀，要為賊遍投水死，擄父老傳稱，林賊邑南山下人，劫庫後，為族衆所訐僇，妻係鎮軍書慶，奉命禦太平軍於上杭，軍過清流，李黃狗伏誅，籍其家，住宅沒入官，今為昭忠祠，

咸豐七年丁巳，五月十三日，太平軍石達開，部衆十餘萬入城焚掠，殺丁壯，被擄遣三千人有餘，初城內官民，聞歸化城陷訊歸化城於本月日被陷洶懼，以防守力薄，有議請班某一部，助城守者，衆韙之，馳書於班，途為石部前鋒所得，乃偽為班復書，紿稱如約，當局信之，領衆出迎，覿面始知被紿，石部遂一擁入城，肆其殘害，為開邑以來，未有慘劫，

當太平軍石部進佔清城時知縣陶慶章，洮槃張常經、走匿深谷、至是密約七星甲丁，圖收復、適戾門遊擊廖朝彬，護母喪返籍，張知其英勇善戰，勸令協助反攻，廖由黃地橋先期至，抵南郊鳳龍亭下，遇敵奮戰，終以援絕被圍，力竭而死，未幾石部撤退，進佔甯化城，張遊擊率營兵，及邑內甲丁千餘人，尾追，抵甯郊外，協同甯甲丁作戰，石部雖[illegible]受創，張亦力戰死，是役也，邑內丁壯，耗失殆盡，至今引為痛史，八年戊午八月，太平軍汪海洋，部衆十餘萬，窺縣，列陣河背，一日結筏渡河，向北城門進攻，剛半渡，城上燃炮轟之，墮河死者數十，始折回，次日全部撤退，闔城得慶更生，十一年辛酉，三月二十七日，太平匪朱衣點彭大順二酋率隊由建城竄本邑迪坑，村民江于雲江背生率鄉兵，截擊之，彭爲江背生所殺背生旋死亂軍中

同治元年壬戌，紅頭賊賴三滿、由永安新橋，竄擾嵩溪，

光緒十四年，三月長校大風成災，

二十一年乙未、十二月二十二日夜，儒學坊火，延燒民房九棟

二十六年庚子，四月饑，斗米六角，殷富平糶，

三十年　甲辰，七月初三日下午，儒學坊火，燬民房數家，

三十一年乙巳，夢溪虎傷人，首尾兩載患始息

六月奉令停歲科試，

三十二年丙午縣令郭承桂倡建東橋，因費絀中止，

縣令郭承桂，就城內龍津書院，開辦官立高等小學堂一所，城南北，各設立初等小學堂一所，聘王瓊，鄒振英，黃應鰲董其事，

六月二十二日，大水，南門城牆毀十餘垛，

三十三年丁未，四月，慧星見於東方，

三十四年戊申，改官立高等小學堂為縣立高等小學堂，革考棚以廣之，以拔貢黃春為堂長，師範生黃旭中舉生孫蕃承為教員，

宣統二年庚戌，奉令開辦自治研究所，

省諮議局成立，本縣選伍春蓉，鄒含英為議員、

三年辛亥，八月十九日，黎元洪武昌起義，成立中華民國，九

月二十一日，福州宣告獨立，舉孫道仁為大都督，十月傳檄至本
縣一律響應，
中華民國元年，壬子六月，開福建省臨時省議會，本縣選王琰
為議員，
二年癸丑，正式省議會，於長汀縣行復選，本縣選鄒合英為議
員，曾厚仁為候補議員，
有匪據北坑石灰窯，四出擄掠，縣知事邵錫恩遣官兵圍捕之，
獲匪首曾繼波等，棄市，
三年甲寅，正月初三日，上午九時，地震，
四年乙卯四月大水，秋口礁頭災尤重，

[illegible]五月二十三日，霪雨連綿，溪洪暴漲，二十四日，田口九龍廟山門外，地陷數丈，將陷時，有巨聲，從地中出，殷殷如雷，同時沙坪上水漲，淹沒民廬六十餘屋，

同日埕坂村民，結伴進香，自林□回抵嵩口坪，渡船滿載二十餘人，浪急不能入岸，全渡覆沒，

五年丙辰，五月十五日，大水，賴坊新建萬壽橋衝圮，

六年丁巳，匪首王平，柯秀山，騷擾嵩溪芹溪一帶，緝捕隊長郭錦堂，剿辦，計戮之，

五月十五日夜，慧星見於東方，至六月杪始沒，

七年戊午，正月三日，上午十時地大震，

[illegible]城新新書局承印

未幾余朋芹溪張地各村均報匪警，

四月、護法軍由粵入汀，十七日駐縣廵防隊長，李少保謀響應

哨官毛振宗被戕、

六月匪首呂錦標，由歸化入城索餉，駐十餘日，引退，

七月知事宋城、隨省軍退却，

未幾有省軍潰兵一部，入城索餉，乘機掠擾，十月援閩粵軍大

隊，委營長藍玉田，爲縣知事，

是年冬，天氣炎熱、疫，村夢二里尤甚、

八年己未，三月大風，雨雹爲災，委員賑恤、

閩軍護法軍，協議停戰，本縣劃歸護法區，

總司令陳炯明，选送半官費生往法留學

五月太白晝見，

六月夢溪匪熾、知事區戊圻、請兵於粵軍司令部、派衛隊連長陳金叢、駐夢搜剿，匪首陳舒揚伏誅，

饑斗米三元，

十一月陸軍二十四混成旅、派營長楊化昭駐汀、何連長分駐本縣，

九年庚申，省派縣知事羅錦成、接收縣務，粵軍大部返粵、

十年辛酉，七月十四夜、孛星見於東南，

十月間，沈德勳密組自治軍，以拳源為巢穴，

興城新新書局承印

十一年壬戌、二月初五日，沈德勳率自治軍、衆千餘，由大橫溪進抵剎陽門，將攻城，劉連長吟屏，出擊之，潰退，沈黨吳林馬郭各部，尚盤踞滋擾，劉顏二連，率兵遊擊，抵田口村，遇林部接觸，林部敗退，

六月二十四旅司令劉春臺，率軍退搗琴源抵半嶺下，伏起，轟擊數小時，正危急間，右翼劉連長馳至，始擊退，軍入琴源燬其巢穴一部，

十二月二十三日一有迯城匪家嵩滋，奪民團槍，局長被創死，

十二年癸亥福建陸軍第三師，王獻臣部隊到汀、派營長徐得勝駐縣，月徐營奉調赴，汀藍玉田乘虛襲城，縣知事鄒含英出走，

途遇徐營開回，翌日拂晚，又導徐發南蓉反攻，臨[illegible]定，

五月，周蔭人部團長、李寶珩部到縣，

九月李團退、是日索派挑夫數百名　挾逃[illegible]縣、沿途死者不少

十二月二十三日，王部時營長駐高溪，郭錦堂據統領，率大隊

自明溪挺進，與方激戰，嗣協議，劃界爲守，

十四年乙丑十月廿一二日粵軍李雲復謝文炳等由連城姑田潰退

至邑境小塘前水源上琴等處盤踞數日始退

同年十一月粵軍洪兆麟殘部數萬潰退至邑境小塘前水源上琴等

處蹂躪甚慘

十三年甲子十一月縣知事王琰重修儒學、

連城[illegible]書局承印

十五年丙寅國民革命軍入川，第三師響應，改編為第十七軍，

本縣自此仍歸黨治，

鄒含英復任為縣知事，兼團長，所部營長吳德龍，改編為國民軍統領，奉調赴省，舟過延津，觸礁覆沒，

周崟人部為國民軍所敗退，軍隊過境，毫無紀律，人民大受騷擾，

十八年己巳九月初五，有匪黨王尹兩姓，自新橋來，偵城內空虛，突入索餉，旋他竄，

縣長柳和良，擴大保衛團

溫保正，擄溫家山，掠擄無虛日，柳縣長率民團圍攻之，保正

未獲，
十九年庚午縣長江白良，督同民團總黃乃升，調集團甲、役團
攻溫家山，族人計縛保正，送誅之，餘黨悉平。
十一月，省軍周智峯部大隊，分駐寧化清流歸化三縣，
二十年辛未二月初七日，黃昏，大風雹，牆圮瓦飛，林木盡拔，
四月八日，大風，雹落田間，有成紅血色者，
五月二十日，匪黨羅，部衆二三萬，陷寧化，二十一日寇邑城
，同時分股由安樂、沙廖屋坪，出田口，截擄鄉民，沿途被擄者
逾半，據城凡十日，毀城垣，殺住民，並焚儒學坊王姓屋一棟，
撤退，

縣長江白良，赴省請兵，不囘，

八月省委盧顯猷為縣長，十月寗化匪黨千餘人，由隊坊來，鼓噪攻城，團總黃乃升、率隊長鄧天賜，禦於南郊外，匪潰退，鄧隊長中流彈，傷重死於永安醫院，

十二月匪黨彭，鄧衆萬餘，由永安化裝襲擊安砂駐軍，營長汪松濤，遂冒汪營兵，抵沙蕪塘，上秋口梓材坑，所過焚掠，十三日黎明由嵩口坪，嵩溪兩路襲城，官民先時逃竄、匪駐十日、向寗化退，

縣長盧顯猷，赴省請兵，縣務交由王瓆代理，城防工作，會同黨務指導員黃紹華，團總黃乃升，合力維持，

仝月二十五日，馬鴻興部，由上杭開駐邑城，後移駐歸化，

二十一年壬申五月，盧部圍馬鴻興部於歸化，馬部後防劉達長，由寧叛變，寧縣奪保衛團槍械，秩序大亂，

八月匪黨數千，駐嵩溪，四出巡邏，乘機掠擄，溫家山著坑一帶林木叢雜，城鄉人民、多避難於此、以故頻遭匪黨劫殺，林世球阻險扼守，匪不敢逼，民多德之、

是歲人民組織自衛隊一心會、

按匪黨往來盤踞，所在設立政府，匪部日事焚屠，全邑幾無淨土，至是羣起抗拒，組織自衛隊，偕一心會聯絡，互為維護，以與匪相周旋，載道流離、因得託庇宇下，苟延殘喘，藉免淪胥為

寧城新新書局承印

匪，於地方不可謂無尺寸微勞，雖其間良莠不齊，騷擾難免，然地方多一仇匪之人，即地方少一助匪之人，釜底抽薪，不無小補，權衡功罪，當可為邑人所共諒也。

十二月除日，黃團總乃升集合自衛隊一心會，進攻田源游擊營匪潰走，

二十二年癸酉春，十九路軍入閩，駐長汀連城交界地，

二月五十二師盧部到縣，分駐甯化明溪兩邑，

三月匪黨圍靈地小塘前土堡，被燬，

春夏間大饑，斗米大洋三元，

四月匪黨三萬人，自江西來薄城，據東寨鵝峯髻，及北郊滾嶺

堵，猛烈圍攻，另分股由田背山來，襲擊後方，盧師長躬親督戰、登南寨，及豬姆寨禦之，相持二晝夜，敵始潰退、

五月匪黨大部圍攻泉上土堡、盧部遣張旅長，率部由嵩溪赴援，抵石獅嶺中伏，兵潰，張陣亡，

六月二十五日夜，盧部全部退出縣境，還守沙縣，人民空巷追隨，譁聲自宵達旦，

同月二十六日，匪黨十萬餘人，經邑城向明溪往攻將沙順延一帶，

按是時上自長汀、連城、寧化，下至明溪，將樂永安，匪黨出沒往來，絡繹不絕，自是以後，匪久據邑城不退，設立偽政府，

人民多遭慘殺，其逃避外方者，轉徙流離，棲止靡定，沿河各縣，以及深山窮谷，均有難民蹤跡，其一部份能直達省會者，得受政府收容救濟，較爲安定云，

十月二十四日，中央飛機，開抵縣高空偵察，

二十三年二月初一日、北里民團，馬日三，羅肇龍等、率衆攻克達城，斃竄匪數百，

二十三年甲戌八月二十三日，積匪竄巢穴，被官軍擊破，駐城匪竄關訊，殘殺益甚，

月 日清甯縣民團，暨一心會千餘人，衝入城，匪倉皇退南河背，登貞觀從山，釋放禁錮男婦百餘人，民團恐有援匪，

隨即退出，匪復入城據守，

十月十六日，盧部率軍收復邑城，時匪驅禁錮男婦，二十餘人於西門，將以次殺之，刀甫下，城外槍聲突起，，慌出拒戰，盧部軍大進，匪潰散，二十餘人得保全，

盧部軍駐城時，住民僅二十七户，計口共四十八，至是招集流亡，還鄉者日衆，

十一月縣長藍燿文蒞任，因縣府殘破，假儒學前李宅為辦事處，

二十四年乙亥四月縣長李品芳，葺遊擊署為縣政府，

五月奉令蠲免匪區田賦，本縣開始築連城達甯化，中經四堡一段公路，

二十六年丁丑七月一日，本縣司法處成立，

廳派工程師潘九龍灘，

縣長池滋於縣府左傍隙地，新建料公處四間，

一心會，搗毀賴坊區署，駐縣保安大隊部，並分隊長率隊往保護，駐所復被圍，大隊長張輔塵，率隊往援，會徒千餘，四面圍攻，張回擊之，斃二十餘人，傷三十餘，報聞團長鄭旌溪，親率建寧明三縣隊兵、數千人，駐賴坊，迫令解散，

七月十四日得到日寇于七日在我國蘆溝橋妄啓戰端消息

二十八年，己卯，設驛運站於城內，與礮頭，

二十九年庚辰，縣長李剛賓，倡建龍津橋，公推邑紳賴鴻基等

董其事，建縣黨部縣參議會，

廳派工程師，開鑿黃石灘，

三十年辛巳（農八月初一日）九月二十一日正午，日蝕，上午十時七分初蝕達半，十二時天際層雲，淡黑如薄暮，日蝕之餘，如月之初，俄而復回原狀，

十二月初六日，有水鳥數萬，自東北飛向西南，蔽空而過，

三十一年壬午大雪凍冰，早稻豆苗多凍萎，

春東門龍津橋落成，

三十二年癸未，三月旱，禾苗枯槁，秧上三節，

三十三年甲申，八月十日，縣臨時參議會成立，王瓊為議長，

江瑞聲為副議長，

三十四年乙酉，正月、裁撤本縣驛運站，更名為轉運站，

三月二十四日青年志願軍四十五人開赴入營

五月九日得德國無條件投降電訊

八月十一日得日本無條件投降電訊縣民歡欣若狂

九月三日開歡祝勝利大會

三十五年丙戌正式縣參議會成立，黃乃升為議長、江瑞聲為副議長，

三十六年丁亥春縣長林善慶到任後發動民工建築清安公路（自邑城至寧化縣轄安樂鄉計四十華里）經兩閱月而路基告竣

本縣著匪羅才賢時在連清邊境擾亂屢勦未獲卅六年丁亥縣長林善慶即授機宜于仁里鄉長羅國傑旋于四月十八日將該著匪羅才賢擊斃餘匪繳械自新邑內匪患即告悉平。

下棠南淨兩處大型農田水利經請准善後救濟總署發給工賑米一百零三噸並行政院發給補助費二千九百萬元其餘材料費由受益人自籌經縣長兼縣水利委員會主任委員林善慶發動興修于民國卅六年秋開工預計本年底修竣。

大事志卷之一終

連城新新書局承印

【民國】寧化縣志

黎彩彰等修　黎景曾、黃宗憲纂

民國十五年(1926)鉛印本

大事志下 災異

宋紹熙三年壬子三月大水漂廬舍田畝溺死知名者二十五人按府志作二年誤

元至正四年甲申大疫

十四年甲午大饑人相食

明正統六年辛酉大饑義民伊彥謙助賑

成化二十一年乙巳夏霪雨連旬山洪暴發蕩析民居瀨溪村落尤甚田苗壅淤人畜死者無算義民伊彥忠助賑按省府志俱作二年誤以乙巳有干支可考也

正德十六年辛巳大饑疫

嘉靖九年庚寅九月初二日隕霜殺禾是年饑

十三年甲午十一月二十四日地震

十七年戊戌四月會同里山崩壞民田數百畝壓死居民數十戶夜星隕如雨

二十三年甲辰秋大疫人死者十之二

三十五年丙辰正月十七日大雨雹　四月二十三日大水漂沒田宅人畜不可數斗米五錢

萬歷十四年丙戌大水

三十年壬寅正月十五日譙樓災

三十四年丙午饑時斗米銀一錢人以爲病

三十八年庚戌四月二十四日大水壽寧橋崩

三十九年辛亥四月十九日大水龍門橋崩

四十五年丁巳四月初一日賴家巷火燬一百八十家

天啟元年辛酉二月初四夜大風雹擊殺牛畜

四年甲子六月十三日亥時地震

崇禎五年壬申三月二十一日子時地震二十日大水南城基圮壽寧橋崩人寓橋上不能脫者以百計是月流寇犯上杭邑六戒嚴

八年乙亥四月譙樓灾旌善申明亭聚星樓南門樓纔省飛黃坊連山行宮俱燼民居燬者三百餘家

十一月二十六日酉時地震

九年丙子二月饑義民六廟作粥以飼饑者

十三年庚辰五月初八日龍門橋災　七月十五日亥時地震

十四年辛巳四月二十四日兩日摩盪如是者三日

十五年壬午六月饑（斗米銀一錢時告荒）　十月初四日午時雷電　十一月縣署六房災

乙酉三月十二日有虎入北門

丙戌六月二十八日未時地震

清順治四年丁亥六月六坊告饑（米斗一錢八分　豆斗三錢五分　柴一錢一肩　油觔八分　鹽觔一錢）

九月南郊桃花遍開

五年三月六坊告饑米斗三錢油觔一錢三分四月米斗一兩二錢民采苧葉浮萍豆渣和食柴一肩一錢五分水酒瓶四分鹽觔二錢六分魚觔六分油觔一錢五分

三月曹家山伍氏園白菊叢開

六年三月疫諸鄉大疫至於四月死者無算

五月五日霜

六月旱米斗三錢

七年四月大雨至於二十四日大水時兩溪暴漲沒城雉城內水深一丈自巳至戌方殺民間貲蓄淹沒殆盡城垣崩陷屋舍蕩析人死無算米水浸者斗二錢五分柴一肩二錢

十一月二十六日未刻地震　十二月二十七日丑刻又震屋瓦

皆搖牆有圮者

八年五月初三夜大雨至四更東溪暴漲城內水深六尺自子至午方殺四處橋樑盡圮

十三年正月十二日大雪至十六日止厚一尺

十五年六月初一大水城內深五尺自巳至戌乃殺

十六年三月十九日雨麥拾者呼爲鐵米

閏三月十三日城西廟前有聲如釜鳴

五月初四日知縣郭熿自經於汀邸初五日凶報至邑士民巷哭者七日

十一月十二日酉時地震

康熙八年四月初二日伊宅侍女不梯而踰慈恩塔頂望南而哭縣丞申傳芳拘匠架梯取下之女子年十七自幼蔬食勤禮佛是日一老婦同行自操香燭至慈恩塔下禮拜已告老婦曰吾上塔頂一游以爲戲語語未竟即捫塔而上如躡梯然頃刻至頂一邑駭閧次日申縣丞乃拘匠搭架數層有兩壯士由架踰頂適雷鳴一聲乃繩縛女子縋下詢之云登塔時有導引之者足所踐履悉如田畛不知爲塔也至塔頂俯視茫然如在天際自謂與人世長辭不覺放聲大哭耳塔上亦有送飲食但飽不思餐夜聞洶洶人語悉聞自纔一合便天明云云

十月二十六日未刻雷鳴　十二月初六日戌刻雷又鳴是月桃盡花楊柳放青

是歲初頒曆閏十二月十九日立春後改曆閏次年二月以正月十四日立春

十三年夏北山雷氏别墅有竹數百竿忽變爲五色青黄赤緑逐節斑斕絲縷陸離可愛人以爲祥迄丙辰冬海寇欲據邑以抗大兵從北門外加木城盡伐其竹山爲童矣以上舊志

六十年大饑

乾隆八年正月大圯風石坊二斷安寧橋石民屋瓦盡飄夏米價大湧先是斗米六七十文是年斗米至一百二十文莠民陳爾順率無賴爲鐵尺會思掠富民藉口勸糶擁衆鳴金入縣署知縣陸廣霖討擒之絞爾順以下論如法

九年大疫童男女死者無算

十五年八月大水

二十二年冬尊經閣產白芝初產三朵繼合爲一至二十三年春其大如盤蟠結三層

二十四年大水禾口田房沖破者多橋梁盡圮

五十三年九月二十七日譙樓災旌善亭申明亭南門俱燼民居燬者一百二十家燬石坊一

嘉慶二年閏六月初三日譙樓災旌善亭申明亭俱燼

五年七月十七日大水城內水深丈餘橋梁俱圮擢陷女牆淹溺人畜田廬無數

十六年三月初五日晝晦雷雨市盡燃火逾時復明

十七年泉上里雨雹大如斗燬民房無算無麥

二十有一年六月初六日雲際有物自南折而西北落張家衕邱仲和姪婦方績於室忽隕入烟火怒呼出戶家衆奔赴見隕蹤烟中移時入地次年婦孕生子

道光十四年大饑義民伊訓汪助賑

咸豐二年大水

八年彗星見　陂下上屋墩邱宅雞生四足

五月某夜禾口一帶見西方火光燭天人聲不絕至曉寂然

十年各鄉剖雞腹中有物如帶相傳能傷人爭送至溪流殺之至有村不留種者有獨不信而留者後亦無他

同治三年冬曹坊曹燈家穀夜放光衆家人觀之熠燿如流螢後一枚豎往視則居然穀矣翌年米石萬錢越數年穀又放光如前燈曰此米貴兆也後果然已而燈家日富

四年茶蕪岡黃竹開花結實實似高粱粟可食是年米貴

五年饑

六年正月地震　三月晝晦

八年夏四月初六日大水　十月初一日大雨震雷初三日大雨雪（張錫齡初一日殺於汀郡初三日傳首至寧）

十年春旱田不能播種夏四月大水是歲饑

光緒三年夏大水饑

五年縣衙前火（自城守汛起至縣衙頭門止）

七年春大雨雹

十年春三月禾口大風折屋壓死三人

十一年冬十月二十一夜星隕如雨　禾口新街火

十七年夏四月初四日大風拔木

十八年春大水秋旱八月大風晚稻歉收

十九年饑

二十一年春二月十九日霰大如豆色如墨三月初三日大雪

二十二年秋八月二十八日薛家坊火延燒八十餘家

二十三年秋七月大水　冬十二月水門口火

二十四年秋八月十五日大風三日始定

二十五年夏五月旱蝗冬十一月大雪

二十六年饑　夏五月禾口大水冲毁田屋橋梁墳墓無算

冬十月中沙火

二十七年夏五月十八日大水平地數尺應宿閣蕩毁冲去三人泉下里高坪村山崩巨石一

壓損房屋沖去三人

秋九月十四晚禾口新街火　冬十有二月中沙火　秋八月

旱至于冬十一月

二十八年春正月初四日城外横街火壽帝橋災延燒百餘舖

壓斃一人損失以億萬計

三月初八日凝眞觀災延燒財神廟

夏五月十一日大水城崩屋陷溺死數人　十八日又大水陷塌店屋甚多溺死十餘人城崩數處文廟兩廡及名宦鄉賢祠位沖流元帝宮後廳宿閣塌

秋七月旱至于九月　饑穀石壹兩弍錢不糶

二十九年冬十二月初八日薛家坊火延燒八十餘家

三十年冬十一月十七晚大雷雨雹

三十一年春三月十五夜大風拔木　夏六月旱　秋七月雨鐵米

三十二年三月初一日東門城內火延燒三十餘家

三十三年春二月初一日禾口老街火　夏大水小溪橫溢沖斃一人沖破田畝無算中沙尤甚淹斃數人知縣李有琨報災請准撫卹

秋七月雙虹橋街火延燒六十餘家

宣統二年冬十有二月漳南源鄉桃實

夏五月旱饑穀石銀洋十七毫

三年秋颶風殺禾　冬淫雨　八月泉上墟火燃數十家

民國元年饑　夏六月秋菊華秋颶風殺禾

二年春饑　夏四月大水曹坊尤甚　冬十二月文昌閣災

五年自秋九月不雨至於　冬十二月中沙疫

六年七月十三日亥刻禾口地震

七年正月初三日地震　十五日東街尾火延燒五十餘家

八年夏六月十四日大水雙虹橋崩新橋中間陷

十年夏饑穀石銀洋三十四毫　冬十二月雪二十一日

十一年四月二十日大水西南鄉雷陏礤上燕高官家邊尤甚山崩壞田數百畝溺斃二人

梁伯蔭修　羅克涵纂

【民國】沙縣志

民國十七年(1928)鉛印本

大事志

天不能有祥而無災國不能有治而無亂災則卹之亂則平之皆撫斯土者所有事也春秋爲魯國之史所紀者兵事居多而星隕鷁飛石言神降凡屬變異例在必書沙自建邑以來千有餘載其間兵荒災異之事叠見層出非有以紀之不且傳聞失實乎爰法春秋屬辭比事之例大書以提要分注以備言昭示來茲既可覘一邑之武功亦可知千年之歷史焉志大事

唐

大歷丁未二年秋大水

建中壬戌三年六月旱疫

貞元庚午六年夏疫

開成庚申五年夏蝗疫

乾符戊戌五年冬十二月黃巢陷福州沙荓乘機擾亂崇安鎮將鄧光布戰死

黃巢擁兵破閩沙荓爲盜區古銅場揚簣坂等地俱被屠戮崇安鎮（即今仙州）將鄧光布率兵禦之鏃中流矢而死巢亦由福州攻殺而去趨廣南（據綱鑑易知錄改正）

五代

長興癸巳四年地震

宋

天聖丙寅四年秋大水

皇祐己丑元年彭孫聚衆倡亂縣尉許抗諭降之

孫嘯聚亡命結寨山中負嵎恃險時至城鄉村堡殺掠商民縣尉許抗挺身入壘諭以禍福遂降

元豐己未二年鄉賢陳瓘登第

初瓘未第時同里人羅師服夜夢羽衣人授以詩云吾聞仙桂作叢榮紫陌先登歷幾春昨夜嫦娥親付與黃金榜上第三名至是果符所夢因名其坊曰叢桂

崇寧癸未二年春有異鳥集陳正敏家明年巢於天王院

鳥聲如嬰兒院中僧人甚惡之探巢得一雛烹而食之是歲正敏喪父鄰居與寺僧相繼死者數十人或云即賈誼所賦鵩鳥也（見退齋閑覽）

大觀己丑三年旱

宣和庚子二年夏芝生於鄉賢鄧肅家

有一十二種色狀異常

建炎庚戌三年鄰寇俞勝犯境先鋒羅義明率鄉兵奮擊死焉

紹興辛亥元年建寇犯汝爲反朝命孟庾等討平之

初建寇范汝爲蔓於沙請降猶懷反側招安官謝嚮陸棠受賊賂陰與之通張致遠諜告歸知其情還白執政捕棠等付獄詔孟庾韓世忠討平之

廣寇 襲富犯閩圍南劍州又犯沙縣爲令 謂破之於浮流鎮今永安治

壬子二年春大饑 斗米千錢

隆興甲申二年正月地震自春徂秋不雨

乾道庚寅六年夏大旱

淳熙癸卯十年冬地震

甲辰十一年旱

乙巳十二年大饑無麥

丁未十四年旱

己酉十六年夏五月大霖雨

嘉泰壬戌二年夏六月大雨至秋七月大風雨滋甚

開禧乙丑元年旱

嘉定戊辰元年縣前災

燬官舍及民居一千一百家死傷相望

乙亥八年旱

癸未十六年夏無麥秋大水無禾

甲申十七年夏五月大水

紹定庚寅三年蝗

嘉熙庚子四年旱

淳祐丁未七年大水

辛亥十一年旱

壬子十二年大水入城

漂民廬數百家溺死者衆

寶祐癸丑元年旱疫

德祐乙亥元年冬地震

元

元貞丙申二年大饑

至大戊申元年大旱

至正丁未二十七年江西寇鄧克明陷縣治

明

洪武戊辰二十一年馮谷保作亂縣令陳善計擒之

谷保嘯聚山谷間時出掠沙境村落官兵至負嵎不服陳令善以計擒之民始安息

永樂丙申十四年夏大水

正統戊辰十三年鄧茂七據沙以叛攻劫各府縣全閩震動朝命都督劉聚等率軍進勦未克

茂七初名雲聚江西建昌人素豪俠爲衆所推因殺人官府下捕逃之寧化縣陳正景家改名茂七聚衆爲墟集會下常數百人巡按御史柴文顯立爲會長遠近商賈皆咨焉既而徙居於沙毒害沙民與弟茂八編爲二十四都總甲鄉例佃田者歲納租谷外以鷄鴨餽田主名曰冬牲七革之田主不致與較既又倡說佃納租穀須令田主自備脚力擔歸不許佃送

田主因訴於縣逮之七率衆拒捕縣乃下巡司追攝七等殺弓兵數人縣以上聞遣壯民三百往捕之七又格殺官兵殆盡至是乃刑白馬祭天歃血誓衆遂舉兵反殺巡檢及縣官往劫上杭從者日衆回攻汀州屢爲推官王得仁所敗又率其黨據杉關劫商旅貨物月餘攻光澤縣大掠順流而下造呂公車等具攻邵武城官民悉逃數日賊往順昌縣據之邵武官民始復入城而順昌官民悉奔邵武閉城以守尤溪爐主蔣福成聞鄧賊之横行無忌也因爐丁號集居劫取村落於是貧民有罪者悉赴之旬日間至十餘萬遂襲尤溪據縣治與鄧賊聲援相聞將劫沙縣遂攻延平五月延平府上其事於省於是御史丁瑄右布政孫昇副使高敏并都指揮至延平以閩知鄧洪爲尤溪知縣統官軍二千來沙殺賊鄧賊連約福成等合拒官軍軍皆沒焉丁瑄等乃議發牌招諭令其解散皆得免死茂七笑曰吾儕豈畏死者吾從尤溪取延城乘勢據建寧塞二關之入傳檄下南八閩誰敢窺焉殺賫書使者據貢川及王臺館立總甲里長旋據沙縣其勢益熾巡御史張海始至延平乃以張都司劉指揮領軍四千往戰行二十里至雙溪口賊伏猝起官軍大潰都司死焉六月初一日巡按張上其事請兵討賊上命都督劉聚御史張楷統都督劉得新陳榮併官軍三千達達回回各三

百戰馬五百疋進勦楷至浙江撰給榜文先往招撫隨帶浙江一路官軍至常山遣人回奏請益兵至十一月兵至廣信是時鄧賊順流而下水陸並進攻延平丁瑄等召官軍入城摟城自守以二司孫邵往迎大軍楷只榜文二道令邵馳往招撫先是處州賊見官軍回廣信散而復聚據關截路楷命指揮戴禮領軍往都督陳榮謂楷曰朝命我等參將為殺賊也今延平告急而我等逗軍不進彼若回京一奏我等何所逃罪次日陳榮率戴禮等出軍軍無紀律猝與賊遇榮與禮皆死焉餘軍大潰賊遂拔營往浦城楷乃調官軍三百達回八十令陳千戶會都督劉得新進兵差人往探前路賊去乃進軍各軍自到建寧笙歌為樂笑傲自如楷以平時所和唐詩發下建寧府刊行寘故一置度外

己巳十四年朝廷復命寧陽侯陳懋等率軍進討鄧賊

時朝廷以都督劉聚等討賊不濟復命寧陽侯陳懋為總兵以保定伯梁瑤平江伯陳豫崇信伯費釗副之都督范雄僉事董興為左右翼總兵太監曹吉祥陳梧為監軍刑部尚書金濂參贊御史丁瑄張海紀功軍容甚盛而賊焰熠熾

景泰庚午元年春沙民羅汝先僞投鄧賊誘攻延平御史丁瑄督官軍分路衛擊指揮同知

劉福追鄧賊斬之寧陽侯陳懋等遂分軍進勦僞官復破餘黨於陳山寨而亂始平沙民羅汝先詭爲從賊誘茂七復攻延平御史丁瑄督官軍分路衝擊賊大敗茂七爲指揮同知劉福追及斬首擒獲無數其兄子伯孫統餘黨據沙縣爲巢穴寧陽侯陳懋尚書金濂等進兵誅伯孫於是招撫沙尤南平民爲所脅從者凡五百一十戶二千五百口建寧茂七餘黨復糾衆燒燬建寧治邀截糧道保寧伯梁瑤復率官兵民壯分道勦之斬首九百級生擒七十餘人朝命陞劉福爲指揮使授羅汝先沙縣丞於是右叅將都僉事董興等擒賊黨僞指揮翁寬等四十八人斬首七十餘級於建寧按察副使邵宏譽擒僞都指揮朱文華等十二人於南平江西指揮吳玉勦殺賊徒千餘擒僞百戶朱勇貴及從賊三人獲其木印銅印飛虎旗號於建陽左都督劉聚生擒僞都督等官羅以寧等二十九人及其徒三十三人於南平順昌甌寧諸縣保定伯梁瑤敗賊徒於武步鋪殺百餘人焚之淸風洞截其舟二百於水口驛閩通福州道而賊首陳政景等糾淸流縣强盜藍得降等攻圍汀州府亦爲都督僉事況眞等所敗汀知府劉能推官王得仁又潛遣人截其歸路擒政景等八十餘人寧陽侯懋按察副使宏譽復攻鄧茂七家屬於沙縣之陳山寨獲僞都督黃宗富僞總兵總都督

魏繼南閭世屯鄧百樂等二百一十二人於是福建賊悉平先是正統十二年監察御史柳華巡按閩中時承平日久境內晏然未聞桴鼓之聲華至檄各郡縣凡城郭鄉村之中大小巷道首尾各創一隘門門上爲重屋各置金鼓戈兵器械於其上又於鄉村各立望高樓編爲伍旅設小總甲以統之夜則輪宿其上鳴鼓擊柝以備不虞有不從命者聽小總甲懲之不悛者許其聞官處治由是小總甲得以號召鄉人閩藩八郡莫不皆然行旅所至警備凜然若大寇之將至人多以爲不祥況小總甲率多强梗狡猾之徒往往侵害窮民茂七之編總甲實發難於此及茂七亂除朝廷推究禍始怒柳華並斬之

成化癸卯十九年饑

斗米百錢

丙午二十二年春三月大雨水

水漲十丈餘五月復漲勢溢於前害田傷稼壞民居無數

弘治戊午十一年夏四月大水

已未十二年春三月大雨水境內山崩夏五月大旱饑

壬戌十五年夏茂胡天秀倡亂知府鄒廣殲之

天秀倡亂月餘集黨千人四境騷動鄒知府集兵以殲之

正德丙寅元年大水

樟林溪水驟漲漂民居百餘家溺死五十餘人

丁卯二年翔鳳橋石罅發異花

橋燬於正統間惟餘石墩歲久石罅野棘生焉至是年棘叢中異花忽發五色交糅匪夷所際次年同知計公重建是亦爲之兆也

庚午五年秋七月災

焚民居五十餘家

癸酉八年春二月災

燕於五年

丁丑十二年夏四月十九日夜地震

戊寅十三年翔鳳橋成

初建橋時條累石墩已竣功有傴羸老人過焉指餘石謂匠人曰墩勢雖高倘靳一尺必足之而後可匠人怒斥之曰汝第能言汝安能搖動一石耶老人以足蹴巨石飛墜溪中須臾不見衆皆駭異拉數百人入溪曳墜石竟不能舉乃相戒曰此神人也墩皆如數加石明年大水勢果過之非加石不能殺也是老叟豈神歟

己卯十四年夏四月大水

庚辰十五年夏四月大雨水　冬十一月十六日地震

嘉靖乙酉四年冬十二月二十八日夜災

焚民居一百五十餘家

壬辰十一年歲大登秋八月彗星見於西南方光芒燭地　鄉新集黨行劫臺檄郡理徐階征平之

新自壬午後常集黨行劫侵及縣東南西都分併集併散鄉民日夜不寧分守蔡公潮同郡守陳公儒首尾夾攻得其首領賊遂潛遁後餘黨復聚出沒為害至是年臺檄徐公階帶兵征之徐親歷其境且撫且勦餘黨悉平乃請設大田為縣縣治成而前患絕矣民咸德徐功

焉

癸巳十二年秋八月北鄉寨災焚民居幾二百家

十一月五日地震歲復登斗米二十錢

甲午十三年有野狐爲祟於翔鳳橋方令紹魁殪之橋未成時有老狐竊穴於橋側夜深斷行迹踽步者過之狐每幻形爲艷女以媚人値之必死數十年無從獲者方令啟纂之初民以妖聞方令曰昔鱷魚爲暴韓子諭之以文陳堯叟張羅戮之予不能爲韓之諭矣陳之戮當任其責焉乃命居民分捕之數日一狐雷震死一狐奔入縣廷若伏罪狀因卽殪之其害遂息

耆民魏文選壽登百歲

丙申十五年五都有八虎爲患方令紹魁禱以捕之虎白日攫人行者屏迹方令禱於城隍三虎自投穽死餘者竄自牢衆捕之患遂息

夏五月大水

辛丑二十年春有祟擾於徐枋老媼家

二十二都徐枋有一老媼家祟擾其室此祟能言自稱仙姑謂里人與之對談往往能知人私事又好音樂每夜至先以瓦礫拋屋上媼問之曰仙姑來耶祟即對曰我來命何人具酒請何人同樂鄉人惡之莫有慮夜後傳聞四鄉無遠不至問其休咎隨聲而答亦多奇中尤能知遠人小名途中小事人益信命媼取香錢自給媼亦利之數月之間隣邑皆動求者如市爭以酒餅餉之祟自處幔中對客言笑自若初祇能飲酒後並肉食能盡之人始驚訝稍遠之歲餘而息並不知其何鬼也

甲辰二十三年夏饑冬疫郡守馮兵賑濟之

時斗米百錢冬又癘疫盛行馮郡守申請散穀二千三百八十四石以賑濟之

秋七月十六日未時十一都忽暴雷震石

先是大路旁有巨石壹片方數丈是日忽暴雨雷電交作石傍數十丈晝黑莫辨隱隱雷鳴不止往來者俱阻不敢進約二時頃乃雨晴雷止行者至見石上刻五十七字大六寸皆如符篆之文又有如禹刻者竟莫辨其何字也歲久益不可辨矣

乙巳二十四年米復騰貴大巡何維栢平糶以濟之夏旱蝗

時米價日騰何公按府饑民告濟行府申准平糶每穀肆斛價銀伍錢縣糴穀五千四百餘石夏六月仍亢旱四境蝗擾秋八月方雨米價頓減民乃帖靖

冬十月望日戊刻東南有物墜地聲震遠近

甲寅三十三年十一月二十二日地震

有聲如雷自西至東山林皆湧如濤浪狀

丙辰三十五年有僧道市符爲魅

時民間訛言有馬騮精夜至見之者云夜來時狀如螢火能魅人婦女不急救即壓死閭閻各鳴金鼓以防之至之時日間有僧道五六人市符是夜即有精至十一月至二十三都已魅數鄉矣有壯夫知其變之不免也潛送之母家夜獨宿藏燈以待良久見螢火自牕而下漸及床似有人氣即拳之墜地有聲燭之乃一僧也須臾不見遂呵衆逐市符諸僧道其害遂息

夏四月大雨水三次

惟二十四日夜二更水入城丈餘漂壞民居田產甚衆三更斷翔鳳橋壓北倉平民及縣鼓樓漂如沙縣牌一邑如瀨尾歷杉口二村尤甚是月大水後太史溪中高山巖下忽豎起一石狀類鞠冠闊八尺高丈許屹立中流其傍石有刻云馬小十一乘五字又倒刻云政和元年十二月二十八日記

戊午三十七年下狀元坊災

焚民居二百餘家

庚申三十九年八月營兵叛由尤溪入沙境邑人募土兵以剿之

時廣賊出省城入尤溪向沙七都坊牌嶺民據嶺守之賊偵知捕村民詰之俱云嶺不可踰將他往矣有黠者曰此澗水出何處對曰出嶺下天明沿澗而入出其下仰攻之嶺上民星散逃出五都渡溪徑至北鄉行刧北鄉離此幾二百里且隔一溪莫有虞其至者無一人得免兼審屯之數日有窺城狀邑人乃募永安稜殺寮土兵以剿之兵至通縣相賀更生兵亦奮勇爭進與賊相遇於茂溪橋前之野纔合遂殲數人賊敗遁歸兵之長有林膺四者頗知兵法謂其衆曰賊勢已挫今日且將暮暫休息明日再戰未晚衆鬨曰賊已喪膽不乘此時擒

之後可令其作氣耶一湧而入賊退見兵所恃者長鎗大旗不便於曲道乃分一哨伏於橋下前一哨待再戰廣四兵過橋伏起前後夾攻廣四兵果不能旋轉大敗乘夜奔回城中大震是夜賊卽往歸化路而去

辛酉四十年夏旱大饑荒鬻男婦者不絕於道邑人妻黃曾氏蕭氏各施粥三日以存活之是年柿樹生茄桐樹生李各雜木生芽如刀劍狀山寇大起城中之米爲商販所盤四鄉米爲羣盜所殘市無可糴者數日殷戶亦不免枵腹出賣男婦者幾千人每米八升値銀一錢五分於是鳴贊黃文光之妻曾氏監事黃文林之妻蕭氏各施粥三日存活甚衆次曰江西米至價始減誠沙縣從前未有之荒也

鄧興蘇阿普乘饑行刦鄉民魏瓊等結鄉兵禦之

是年饑民四起奪食有永安三十都人鄧興等集衆數千人流刦沙尤永大順將等縣無村不至有至三四次者雞犬一空爲害二載周守寶宜以計撫之尋叛去仍刦洋溪徑侵尾歷鄉民魏瓊等結鄉兵與戰於觀音堂下瓊既合賊不敢進從瓊者潛背而去瓊猶獨立當之賊衆畏瓊亦戰亦稍退瓊始遁數千家之積俱爲虀矣初議守時衆欲移家以待令無內顧

憂其愚者曰使家不在其誰肯死守及戰人各思爲家故有是敗後周守復招之衆以爲兵卽延平南勝是也

壬戌四十一年有虎爲患

是年賊亂既多又有虎患或排門壁入人室攫人或入人臥內就床攫之道路持戈結陣而行猶不免噬攫八月官塘坑大路一虎來往半日傷殺者九人尋爲陳大訓擊殺前後被害者數百人至次年春乃止

甲寅四十三年劉永祖惑民倡亂軍門把總鄧子龍擊平之

劉永祖永安縣人少充皂隸給役布政使王綸之下綸好方術永祖亦好之乃使之專待方士頗得採戰淫術至是年七十餘歲矣乘世亂乃造妖言云世將大水人無遺類當長齋遷家以避之又自稱漢高祖嫡孫當有天下陰結奸民林文乾入村煽惑村民無知率信其教數而和之以修道爲名擧家財妻子而從之者幾四千人遂結寨於集峯之頂陰署官號分立部曲月夜設險防守聲通三堡封賊爲援欲圖爲不軌幾五越月矣縣人患之聞之郡守周賢宣周至以計招之劉猶負固至八月復招外賊入境爲張聲勢蓋劉曾以八月大水惑

鄉民故執之爲信時大賊在境官兵亦不敢妄動及外賊爲鄧子龍所平譚軍門綸劉都督顯大兵屯延平八月中秋月明無永患羔黨遂散永福亦以十二人逃縣偵得之於鄭坑捕復解府處斬是時永福所通三塗賊陳明光等四千人從尤溪入沙縣屯五都高砂江西有梁恭將者以督軍命來剿與戰於洛陽鎮都督橋頭爲伏兵所掩不能操一戟發一矢伏地待命而死一軍將盡惟餘四百人歸府報至郡城大震命有軍門把總鄧子龍者以部兵一百八人往周守賢宜遂領之道由溪北山路以進鄧至還沙兵之精銳者助之戰於項口街四合而射死其九人賊大敗復由尤溪以遁是役也非子龍至沙危甚矣至今人頌其功云

丙寅四十五年十一月大洲坊災

焚民居一百五十餘家

隆慶己巳三年七月十二日大雨水

北鄉寨瀧壞十餘丈漂去民居無數溺死二十餘人

壬申六年縣前鑽錦坊災

焚民居一百二十餘家

萬歷癸酉元年鄉民黃壽妻一乳而生三子

甲戌二年夏五月初五日大水

入城丈餘凡三晝夜縣署卷宗湮沒倉穀腐爛七月十二日大水復入城七尺許

丙子四年六月大風雨雹

丁丑五年八月二十七日有星如白氣長數丈自西南方現直指東北至十一月漸短小而沒

戊寅六年十一月黃錦坊災

焚五十餘家

己卯七年太白晝現

庚辰八年彗星自西北方現

壬午十年三月菊花盛開五月芙蓉盛開

是年卓子鈿以書魁多士人以為瑞也

癸未十一年七月縣前災

焚縣內吏戶禮承發四卷房

秋八月有虎患袁令應文禱而殪之

有虎十餘自福州流至延平尤溪及縣五都害人無數忽一日突至縣前溪南山白日咆哮山上隔岸觀者股慄袁令爲檄禱於城隍未彌月連殪十虎其一大若牛高若馬長可尋有尺或曰此其魁也自是害息

乙酉十三年三月菊花開五月芙蓉開

丙戌十四年四郊竹開花

花四瓣下垂如燈籠黃色中紅

四月十九日大水

入城六尺許

丁亥十五年四月十四日舊福聖寺前焚

焚民居十餘家傷一人

八月十六日建新學

起工時觀者盈堵有一童子於本山採得輪囷一衆視之芝也詰其得處往觀之得紫芝二

本金芝一本玉芝二本因採獻之袁侯後踰月又得三本次年復產數

戊子十六年六月初二日大雷風雨雹

飄瓦屋如飛葉有火一帶自空中流過或曰龍也雷震林木數處皆自南而西北至豫章祠而止縣治以東絕無風雨

六月不雨踰閏月皆旱徐令顯臣禱之至七月忽雨

六月連閏月不雨民皇皇恐苗之將槁也徐令顯臣露冕步拜烈日中遍處雩禱至七月十四日又率士民詣城隍自爲牒文檄之禱畢歸不視事待命齋所忽烈日無光彤雲四起須臾雨降平地水盈尺靈二日夜不止溪水暴漲田皆饒洽民大悅是歲不饑

己丑十七年大旱赤地幾遍全閩沙令徐顯臣虔誠禱之秋大稔冬嘉禾生

是年閩省大旱六月至七月不雨各郡縣俱赤地幾槁省中藩臬兩院各虔誠禱雨建南分守侯公郡署事羅公守譚公悉步行露冕以禱沙令徐公顯臣率士民五步一拜望天叩懇仍遍謁祀典諸神踰二日乃大雨彌晝夜是七月十三日也先是雖雨經三次率皆微灑未足至是原隰皆洽嗣後晴雨以時禾遂大稔及冬嘉禾到處生焉草洋坑源下茂湖源四鄉

俱一本二穗洋溪一本三穗連坑一本五穗七穗餘不盡紀其禱雨牒文曰

切維天佑下民而城隍山川社稷之神與守土之臣皆所以上承天意而子惠元元者也然則生民之利病疾苦詎非神與守土者之責哉入夏以來雨澤愆期旱魃煽虐田疇龜坼禾苗枯槁黎庶旁皇共虞有秋夫師尹惟日庶民惟星民則何罪或者守土之臣吏治有闕以致上干天和而貽害於民未可知也茲顯臣謹率各僚屬省愆祭咎清獄減刑洗心滌慮以仰祈天休夫商湯責已而時雨旋降宋景修已而熒惑即退天人之感應若影響如此尙祈城隍山川社稷之神爲顯臣達之帝廷俾箕司風而畢司雨油然興而沛然降澤潤生民以下慰守土之臣則神亦永有依歸否則焉用神與守土之臣哉爲此上冒

神威特賜照鑒

甲午二十二年饑

斗米百錢

庚子二十八年六月十六日市心坊災

燬民居二百餘家

壬寅三十年十月二十三日上狀元坊災
燬民居百五十家
甲辰三十二年十一月初九日酉時地震
聲如雷鳴牆屋傾頹溪流蕩湧自縣治自四鄉凡百里許
戊申三十六年二月十九日戌時地震雨雹
大者如巨石自西至東百餘里民屋擊壞
己酉三十七年五月二十六日大水
北鄉寨洪水驟至縣治山崩谷變漂流田屋無數淹死數千人
庚申四十八年大雨水
五月五日午時下村民方飲節酒忽大雨山崩水溢成河男女俱沒傳係古雉作祟有飛翔
戲水狀先一日有老嫗及樵童遇一老翁指點急避得活言之於衆不信
天啓壬戌二年四月十一日大風雨雹
崇正己巳二年正月二十六日上狀元坊災

燬民居百餘家

癸酉六年十二月初九日祥鳳橋災

乙亥八年大祲民殍枕藉

庚辰十三年二月畫錦坊災四月魁星坊災六月下狀元坊災共燬民居二百餘家

十二月初九日丑時地震

甲申十七年三月二十四日三奧賊攻城焚燬祥鳳橋

是年清順治紀元

清

順治乙酉二年二月初六日大風雨雹

丙戌三年正月十二日雨雹

大者如拳小者如石

七月二十五日夜星變

八月二十二日清貝勒王統兵至郡

委隨征功貢董璘署理沙縣

丁亥四年二月初六日戊亥二時地震

屋瓦有聲

四月大水

梧溪碧溪地方洪水漂流田數千畝民居數十處田去苗存國賦虛絕民苦賠累時大水凡

六次

七月二十八日草寇羅姓圍城十月城陷縣令董璘死之

草寇圍城凡三月城有伏爲內應者於十月十一日午時開門迎賊以勳除衙役爲名董令

遂被害

戊子五年三月草寇聞大兵至皆遁總兵馬士秀入城安民十一月初九日陳總督統師攻將

軍寨草寇平

己丑六年六月饑

斗米銀五錢

庚寅七年四月二十五日大水

山溪泛溢屋宇幾沒

十二月二十五日丑時地震

癸巳十年五月大水

水瀑入城自文昌門至城隍廟壞民居十餘家

乙未十二年四月至六月大饑盜令牽殷戸施粥以濟

時斗米銀五錢餓莩相枕知事蔡交施粥二日爲倡富民相繼出米共賑四十餘日民賴以活

丙申十三年正月十六日大雪

丁酉十四年四月初一日大水

溪水暴漲泛溢城內壞民居三十餘家

戊戌十五年正月十二日大霧連二晝夜

民塑雪獅

辛丑十八年三月大水

康熙壬寅元年奉　憲撥遷民歷安插投誠

乙巳四年四月大旱

丁未六年重架翔鳳橋八月十五日落成

原存部院發回夫價銀百餘兩鄉紳鄧可權鄭邦昌等具呈毛縣令請發爲重架翔鳳橋經始之費城守余虎協紳衿等募建落成八月十五日晚發八仙遊橋又失火救存一半後至康熙二十四年有康山寺僧勉齋募捐重建

己酉八年三月十五日城東坊災

燬民居一十五家

九月守城

辛亥十年五月二十日重架詳鳳橋

甲寅十三年耿逆變亂

三月十五日傳聞賊來攻城百姓防禦至二十九日耿逆變亂

丙辰十五年九月大兵到沙恢復

丁巳十六年無年

己未十八年十一月十三日舖頭災

燬民居五十餘家

庚申十九年二月十八日赤硃坊災

燬民居九十餘家

大無年

癸亥二十二年十一月十五日二更縣前坊災

燬民居百餘家

十二月大雪

凡三晝夜

甲子二十三年庠生鄭廷柏年登一百四歲

五月大水

水漲入城高丈餘

庚午二十九年二月十四日上狀元坊災

燬民居二十餘家

癸酉三十二年十一月南樓災

丙子三十五年大饑黃竹生米民賴以食

丁丑三十六年十二月大雪

戊寅三十七年五月初三日夜城東坊災

燬民居四十六家

己卯三十八年三月二十四日條南樓上下十櫚

庚辰三十九年五月縣治美蓉谿開

十月縣巷災黃橋頭災

共燬民居三十餘家

十二月十五日更雷十七日雷二十九日半夜雷電風雨

辛巳四十年五月初六日大雨水

連漲七天東城傾圮街水滿三尺縣令林采徒跣步禱驟晴水退

庚寅四十九年韓時忍年登百歲

辛卯五十年五月十一日地震

壬辰五十一年四月雷起文廟災

自未及申殿廡俱燬

癸巳五十二年五月大水

乙未五十四年十一月大雷

戊戌五十七年五月大水八月又大水

辛丑六十年旱

雍正丁未五年林守顯妻石氏年登一百四歲

癸丑十一年七月二十三日夜虎入縣署大堂

陳爾琪年登一百三歲

乾隆辛酉六年三月初一日城東坊災

燬民居六十餘家延及城樓

癸亥八年旱

丁卯十二年鄒秉仁年登一百一歲

戊辰十三年旱

己巳十四年林成祚年登一百二歲

辛未十六年吳辰集年登一百五歲

五月大水

乙亥二十年六月[illegible]災

兩次燬民居一百五十餘家

丙子二十一年大旱

癸未二十八年十二月林氏祠堂產芝三本

甲申二十九年積雨大水

雨經兩旬水冲城垣六十二丈倒壞民房一千七百七十三椆淹斃大小男婦十四人

辛卯三十六年西門坊災八月龍池坊災延及西山坊縣前坊下狀元坊清水坊

自未至亥燬民居千餘家

北鄉大水

漂水西民居數十家溺死甚衆

癸巳三十八年林鳳芳年登百歲

丙申四一十年六月至七月不雨

北鄉溪涸泉竭

己亥四十四年五月十四日北鄉災

燬民舍三十餘家焚死一嬰兒

八月初二日辰時天鳴如雷

癸卯四十八年五月初三日巳時銀溪大水

溪水暴漲村後山崩全村漂溺至十七都水深數尺漂田禾無數溺死數十人

六月初三日寅刻北鄉大水
漂流田禾溺死十餘人
九月十六日未申時北鄉大風雷雨雹
雹大如卵傷害禾稼
乙巳五十年三月初十日午刻大風雨雹
己酉五十四年二月初一日夜廣譽坊災延及城東坊居仁巷
燬民居百餘家眞君堂亦燬
庚戌五十五年六月初九日有星殞於西北方
星大如斗光芒有角
辛亥五十六年七月初一日大風雷雹
壬子五十七年七月縣前坊災延及下狀元清水坊西山龍池坊
燬民居三百餘家
癸丑五十八年正月初二日大霧四晝夜

三元黄仕禮年登百歲
乙卯六十年大饑
斗米四百錢
嘉慶丙辰元年正月溪南雨冰
形如鹽菜蔬俱隕
五月大雨
南門一帶山崩田塌漂流無數
十月有虎患
茶坪傷一人潘坑傷一人
十二月二十一日夜大雷
光芒射目自是虎患遂息
丁巳二年九月二十八日地震
戊午三年三月二十一日巳時北鄉災

燬登雲廟及民居百餘家

八月十二日未時地震

己未四年三月初五日未時眞隱峯塔崩

庚申五年七月十五日夜大水

入城高丈餘卷宗漂沒倉穀腐爛

十月前薛坊災

辛酉六年四月十六日未時雨雹

大如拳

癸亥八年三月不雨至於四月

乙丑十年正月初五日大雪三晝夜

丁卯十二年二月十七日北鄉災

燬民居五十餘家

九月至十一月不雨

戊辰十三年三月二十四日大風拔木
六月十九日魁星坊災
興國寺燬於是日
二十四日啓明星夜現
己巳十四年六月大水
入城
庚午十五年五月大水
入城
辛未十六年九月初八日夜龍池坊災
燬民居五十餘家
壬申十七年二月二十二日申時大風雹
雹大如碗
八月彗星見於西北

踰月方沒

甲戌十九年二月二十七日北鄉災

燬民居百餘家

戊寅二十三年沙溪陽姜啓爵年登一百二歲五代同堂長兄啓才年九十有三次兄啓發年

八十有四子仕衵年七十有八

庚辰二十五年夏茂羅泮訓年登百歲

四月北鄉大旱

七月十三日北鄉災

燬民居五十餘家

道光辛巳元年饑

斗米四百餘錢

壬午二年閏五月十四日沙溪洋白雲坊災

燬民居百餘家

乙酉五年夏茂羅馨金五代同堂
七月蝗
八月十七日彗星見於西北半月方沒
丙戌六年饑
丁亥七年正月二十日縣前清水二坊災
燬民居七十餘家
三月北鄉災
燬民居四十餘家
戊子八年正月初八日上狀元坊災
燬民居十餘家
三月初十日大水
二十九日戌時北鄉災
燬民居百餘家

九月北鄉災

燬四賢祠及民居三十餘家

己丑九年羅鑾注金五代同堂

五月大水

六月初七日申時大風雹

屋瓦吹散

十一月二十八日北鄉災

燬巡檢署及民居二十餘家

庚寅十年四月初五日赤磜坊災

壬辰十二年十二月二十四日大雪

三晝夜深尺許樹木俱折

癸巳十三年六月螟

十二月二十一日大雪

深成尺

二十三日又大雪

二晝夜樹木皆折

甲午十四年四月饑富民捐米平糶

米價昂貴斗米七百餘文時城中奸販囤積惡商搬運鄉米爲饑民所阻市無可糴舉人徐達盛陳名世林觀珠等呈請賑濟知縣玉庚及典史紐寶順盡心設法勸諭富民捐米分爲八廠平糶六十一日共散米伍千三百石有奇民賴以甦

五月十二日大水十三日又大水入城數尺

八月初六日夜城南門災燬廬房一植傷一人

五都民卞永鳳五代同堂

壬寅二十二年九月初一日華口災

燬民居八十餘家

咸豐癸丑三年四月紅巾賊黃有使江水等犯境城陷邵令被執

龍巖黃有使等由永安鵝公寨糾衆爲寇以紅巾爲號先踞永安四月二十日賊黨江水等率衆攻沙時承平日久民不知兵雉之城垣積久多壞無可爲守遂至城陷邑令邵桊被執以僞軍師劉正錫監守之尋賊首黄有使亦至有衆千餘人未幾往攻延平爲官兵擊敗仍竄回沙

五月居民奮勇殺賊救出邵令尋巡道胡應泰等率兵來援賊皆擊散

五月十三日

爲關帝誕辰居民方祝壽飲福一時感動不禁奮勇持械糾衆殺賊救出邵令恍若有神助之者維時賊皆驚慌遁出城外被殲者二百餘人十九日賊復攻南門巡道胡應泰同副將李秀春總帶王三滔統兵適至與賊戰於水南賊大敗二十二日賊黨林俊攻東門旋又退屯瑣口溪南村居多被焚燬尋省遣總帶顧飛熊帶兵四百至擊之賊奔潰二十四日賊攻西門大洲居民砍斷步雲橋賊衆竄往尤溪永安

丁巳七年二月紅巾匪黨林俊犯我東鄙復掠官庄等鄉縣令嚴葆銛以戰敗辭職府委王金鏞率兵擊退之

先年林俊犯境爲官兵擊退竄往尤溪是年二月復掠官庄杜水等鄉及擾害東北夏茂鼇溪林墩等鄉焚燬民居不計其數邑令嚴葆銛率鄉兵拒之於鄭坑敗回忽一日民衆驚慌協力奮擊獲下府人數名送縣嚴令不能辦適府委王金鏞解火藥至住在書院提所獲下府人訊而釋之嚴令因將篆務交與王金鏞金鏞卽接篆視事當先率民壯賊於洋溪亦敗閏五月十五日賊攻城楊弁三益統兵屯大洲與賊戰賊分衆從西北角殺出楊弁驚奔紳士以舟接其回城時兵民殺死二百餘人賊圍城七日王令與都司黃理珍沈副將楊三益率民同守賊不得逞十九日開東城分兵擊之賊皆引去而西郊外民舍皆被燬

戊午八年賊掠東路村墟提督鐘寶三統兵擊散

同治癸亥二年蔡成佐妻黃氏年登一百二歲

同治戊辰七年七月十五日夜市心坊災燬百餘家

己巳八年五月大水城垣崩塌

水入城街高丈餘城東思齊巷一帶城垣冲塌二丈有奇按此帶城垣前已崩塌多次而屢修屢圮未能堅固皆因節省經費故也此次塌後經邑紳林大宜督理不惜墊費加工多用巨石松木以爲鎭迄今五十餘年歷經洪水不至崩壞亦見根基之宜穩固也

光緒丙子二年五月十九二十日大水

入城高丈餘壞民居田禾不計其數

丁丑四年四月西門坊災

燬民居三十餘家

己卯五年二月溪元鄉災

八都溪元被匪首盧吉糾衆燒燬民居一鄉俱燼

三月現口街災

三月二十六日現口祥發茶莊因樓下焙茶失火樓上揀茶婦女不能逃避一時焚斃一百餘人後檢拾殘骨卽於其地築一大塚聚而埋之

四月初二日龍池坊災

燬民居二十餘家

庚辰六年八月二十日夜莘口鄉災

燬民居二百餘家傷一人

癸未九年七月初九日莘口鄉災

燬民房七十餘家

甲申十年九月十五日文昌門災

燬民居三十餘家

丁亥十三年九月鹽館滋事激成拆倉罷市之變縣令任宗泰免

戊子十四年正月十四日莘口鄉災

燬民居六家傷二人

壬辰十八年閉城縣令沈壽昌罷

先是汀州人賴三滿立紅錢會下南人姚華立烏錢會聚衆常數百人鄉民惶恐搬眷入城

以致城中百姓震動不安七月十五日夜溪南居民譁言賊至爭渡來城後渡者立州岸以哭由是閉城防守至十餘日沈令申聞請兵憲委鍾總帶紫雲統兵四百名來沙巡視各鄉不得賊蹤迹上峯以沈令虛報軍情罷之

癸巳十九年三月市心坊災

燬民居三十餘家

甲午二十年四月西山坊災

燬民居二十餘家

丁酉二十三年七月二十五日夜廣譽坊災

焚民居三十餘家及淨室民主廟

戊戌二十四年正月朔日食

四月十一日申刻大風雷雨雹

壞民居無數縣署瓦甍亦被吹毀沙縣牌墮落樹木遭折者尤多

五月十八日大水

城中壓溺丈餘

己亥二十五年九月市心坊災延及西山龍池濟水下狀元四坊

燬二百餘家

辛丑二十七年有虎入城夜食猪犬

壬寅二十八年七月十五日夜西門登龍坊災

燬四十餘家

癸卯二十九年五月十四日華口鄉災

燬九十餘家

戊申三十四年五月華口歷西大水

壞田禾無數

八月初七日城東坊災

燬十餘家

宣統庚戌二年八月西山坊災

燬三十餘家

辛亥三年民軍起義武昌九月閩省光復總帶左克明來沙安民途獲土匪吳鳳標解縣斬之

是年民軍起義九月閩省光復土匪吳鳳標乘機倡亂沿途散布爲號煽惑鄉民四鄉協從者衆聲言某日攻城居民惶恐閉城以守時城中軍械空虛各界聚議公舉林致廣楊文藻往延請給軍械適省派總帶左克明率兵到郡因與同行上沙行至高砂鄉標方在該鄉散放布號鄉民會同軍兵圍拿解縣正法次日巡城安民下鄉搜匪一面令各鄉團練民兵賊風漸息

十一月宣統帝遜位民軍推舉廣東孫文爲臨時大總統開幕南京

十一月十三日爲陽曆壬子一月一日南京政府成立票推孫文爲臨時大總統布告來沙

十二月臨時大總統孫文辭職項城袁世凱繼任臨時大總統於北京宣布共和統一有文到沙

袁大總統於本年十二月二十五日就職即陽曆壬子二月十二日

民國壬子元年歷西黃炳相倡立衛濟社抗糧拒捕遣黨攻城劉令竣復會同司令官鄒雲標

率兵平之

是年民國紀元而黃炳相等倡立衛清社有心抗糧觀望不納劉令飭差鄉征爲鄉中無賴吳兵老羅占龍所殺自知罪在不赦乃假託神道聯絡各鄉聚衆數千人稱爲僮子軍謂能封遏槍砲使不得發以惑鄉愚六月十六日有洋溪等鄉僮子軍與通消息竟敢率衆入城直至縣署前劉令命警備隊以快槍擊之斃十餘人而僮匪如鳥獸散七月司令官鄧雲標兵到即先往勸洋溪洋溪紳士羅培芹等殺猪備酒以犒軍極力爲一鄉請命並認籌備罰金四千員充作軍餉因得平安無事而相等復據徐枋鄉堡以拒官兵於是官兵燬堡直進既而歷西鄉紳士黃炳焴羅植煜等躬詣軍營謝罪懇請保全無辜良民鄧司令官責令緝匪安良限日交匪解縣了案未幾相被擒而兇犯吳兵老羅占龍等亦同日拿獲解縣分發四門槍決而亂始平

癸丑二年京都參議院衆議院成立十月選舉袁世凱爲正式大總統行文來沙各界歡慶

甲寅三年三月無敵坊災燬五十餘家

乙卯四年五月大水

二十五日沙溪洋小河驟漲二丈餘冲壞白雲橋一墩民居田禾傷壞不計其數二十六日城內漲入街市高丈餘

六月鄭匪擾害各鄉

鄭匪侵入西南區邑榮坑宮莊等鄉易隊長擊退之六月十六日侵入下村介竹山等鄉焚燬民房而去

丙辰五年正月袁大總統復行帝制改元洪憲尋取消五月袁大總統薨黃陂黎元洪就任大總統

黎先年選舉爲副總統至是升任大總統之職

德匪蘇益等焚掠鄉村

蘇益等正月侵入榮坑鄉攻壘不進二月焚掠上南洋溪及正地人有被其捉去者或則勒贖或則殺害不可勝計十月又攻下南區村頭等鄉皆擄人焚屋而去

丙辰五年春匪掠北區

二月下游匪林飛標刼掠富口鄉擄人勒贖三月又有匪王得貴燬柳源鄉土堡及民房十餘植擄保衛團總等計十一人轟斃一人

夏四月北區鄉衆聯甲捕匪遇伏死七人

夏月各鄉聯甲捕匪衆至富積坑遇伏匪蕭子仁轟斃甲丁茅禮泰張啓輝等七人鄉人管世煊茅樂燦姜國錫爲之立祠于富口橋頭年逢春秋致祭焉

丁巳六年冬匪入南區

南區如九都二十都等處匪類蔓延行人裹足

戊午七年正月初三日未時地震

各處樹木牆屋同時震動有聲約一分鐘之久

八月南軍圍攻縣城駐防北軍營長傅兆祥嚴兵守禦相持至五十餘日圍乃解

連年南北交爭戰事迭起土匪乘機竊發刼掠鄉村鄉民避難入城者不計其數時歸化退下及省委駐防之兵亦集城內八月十六日有南軍由永安經龍尾一路至夏茂鄉計有千名惟執縛於棄捐局經理員二人令將捐存銀數及捐簿交代旋卽釋放其外人民物業並

無損傷所索兵餉不過數千元而已十八日又有南軍從西溪一路來攻縣城其中半爲上坪斜沙北軍營長傅兆祥持兵守禦自早至晚內外砲聲不絕北兵頗有死傷十九日傅營長縱兵焚燬前黃橋太保廟蕭使城外南軍無所蔽砲也而南軍之由夏茂來者是日亦至城之東郊約計四郊分紮之南軍及土匪不下萬數日夜攻擊城亦危矣二十日傅營長以西門外近城之舖屋可伏敵兵遂從城上縱火焚之同日有西門民丁抬砲上城因砲炸裂轟斃三人二十六日大雨南軍乘雨圍攻槍砲之聲洛繹不絕民房亦有被彈損破者九月初二日北軍擅出東門焚燬臨水宮延燒民屋數百且有一人爲砲擊斃十二日開東門放農民十人出城穫稻僅一人得回其九人均被南軍要留然並不加害十四日清晨南軍用地砲攻城砲從地起全城震動西門外正茂店陷成大坑深有二丈其梁柱瓦石凌空飛起打入城內近城舖屋損壞無數有二石各重四五十斤一打在西山土地嶺一打在南門清水坊朱茂庭家嗅之皆有硝磺之氣砲力之大如此似有神護人民皆無死傷惟一未週歲之孩兒爲小石擊斃耳十六日貧民因城久圍糧食欠缺赴局要求借貸倉穀以濟食公議允行即日發票令民十日到倉領穀一次每人一斗十日約發一千餘石二十日黎明傅營

長仝白營長暨諸弁分兵開東門小水門大北小北四門攻擊東門外擊斃數人餘皆走散北兵亦傷二人死一人西門外擊斃數十人生擒二十一人皆係土匪其餘退走不迭北兵奪獲槍砲衣物銀錢無數所有南兵已於十六日退往延平只留百餘人在東關之外是日亦稍有死傷立時奔散至東關外之瓦窰廠白菜廠西關外之沙陽會館前薛後薛兩坊之民房俱被北兵焚燬其民家之貨食銀錢器物未被土匪刦取者均爲北兵及武裝警察搜據一空衆皆不服二十一日傳營長開城任民四出割稻其近村人民前未入城者亦於是日搬取粟米物件進城北兵恃勢攔奪民不堪其苦幸有屯紮城隍廟之王連長秉正不阿出爲禁止北兵稍斂跡所有前日放出東門割稻之九人亦得入城其所穫之穀皆擔入不爲南軍土匪所奪且言南兵日給以食待之甚好而西關外焚剩之民房是日復爲北兵焚燬惟三山鄞江二會館獨留衆愈憤恨以北兵中有福州人汀州人故得保全也二十二日上午又有土匪僅二十餘人在水南一面開砲入城北兵亦以砲敵之不過數十分鐘之久彼此兩無勝負下午有永安閩篛下省在沙經過被郭錦堂兵丁攔奪上岸不計其數二十三日傳營長親率兵丁百餘名出城前往城南一帶偵探匪情突有土匪在南山峽一路圍

來計有數百人傳營長即帶護兵數名走回隨加派兵助敵未幾匪亦散去彼此俱無死傷二十六日紅十字會僱人出城檢埋死軍二十七日大開四門任民出城收割禾稻薯芋等物出城者計有數十人至下午方回搶入穀食及車碓礱成之麥粉無數其南兵由溪南一帶前往琅口駐紮者約有數百人轎馬大砲且隨其後二十八日琅口屯紮之南兵分有百餘人在遊鳳帶一帶攔阻農民擄殺入城砲聲震耳城中亦以砲彈對待之未久散去十月初二日南兵毀掘豸角傳營長縱兵攔截永安符船計符數艘盡數搬取入城變賣充餉初三日漈口一帶前日奔走之南兵復聚民擄入城之穀俱被要截初四日午後南軍在南北兩面攻城北兵三人中砲而死其一係爲連長內外砲彈之聲徹夜不息至次日半午方止初五日早間有林西妹擔菜售賣行至市心街身中砲彈而死肝腸突出下午傳營長出街巡查有消防隊隊丁四人於鎔寺街遇之逃入人家矮牆傳營長見其身無號衣行蹤詭祕疑爲奸細立命護兵擒拿其一走脫其一爲護兵所庇砲擊未死彼二人者則皆爲搶下鬼矣初六日四郊營兵及土匪俱名棄營走散因昨日省中發有大隊北兵到來在青州以下屯駐之南兵敗走者敗走死傷者死傷以故近城之兵匪聞風盡遁初七日省中發來之北

兵到城計有一營並在南兵營中奪獲糧米二百餘石其司令姓沈初八日原駐延平之勦匪司令張清汝率兵來沙有陳大任者初名俊本汀州人久居沙縣前此有兵隊拿獲之土匪爲俊所保釋者甚多因與傳營長有隙遂誣其交通土匪向曾遣兵捉拿抄其居屋俊逃走鄉間未被拿獲至是跟隨張司令來沙傳見俊欲砲擊之賴兵衆救護得免次早傳竟到俊寓中將俊拖出大街毒打而死初十日各處城門俱開惟東門尚閉各舖戶始於是日開市所有南軍俱散在高橋夏茂富口洋溪三元梅列等鄉中且有洋口散過來者惟土匪則多方四散十二日原駐之北軍白營長王營長俱率所部往延張司令亦回

是年匪掠南區

下遊匪有士昇平蘇玉麟陳國華者刼掠上南區如草洋昌榮坑湖源坂尾等鄉損失最鉅燬民房各數百家旋於蕉坑豐餘土堡及太平堡亦先後被焚民中彈死者蕉坑五人昌榮坑八人豐餘十餘人湖源坂尾三十餘人時又有匪蕭子仁賴家明胡金花刼掠下南山峯鄉燬民房殆盡擊斃男婦計二十有奇該鄉今尚爲墟他如鎮頭曹元墟茶坪溪源南坑泮嶺將坡龍鳳坡松樹坑南坑仔等鄉均被匪擾燬民房有數十楦一二十楦三五楦不等

己未八年正月初三日大雪

三月朔日大雨雹

雹積五六寸厚大者如拳損害禾苗房屋甚夥

是年匪復掠南區

上南如介竹山文坑水洋山漈等鄉民房祠宇焚燬幾盡湖源鄧厝街燬百餘家張田鄉燬三十餘家斃八人下南如后盂田坑水湖洋後壠北坑口村頭暮科嶺頭等鄉被燬民房約數百家計斃十餘人

秋八月省委鄭步準來沙釐西北界限

舊秋南軍雖退尚逗留于西北區本秋南北議和分界而理南設佐貳一員徵收雜捐其正款賦稅仍歸縣署收管

中央政府委高司令維嶽來沙駐防

時南北既和戰爭以息但四鄉匪擾如故非焚民居即擄人畜勒贖派餉時有所聞鄉民不敢家居多避深山度夜其報告匪警者概由高司令會同閩兵前往勦撫迨劃界後南界匪

歸南辦理北界匪歸北辦理

庚申九年匪擾焦坑陳山

三月有匪陳雙起亞涎筍捐入焦坑鄉燬民房數植九月入陳山鄉燬民房四十餘植斃六人

夏六月初二日未時地震

是日地震視戊午較輕時間亦短

辛酉十年春王旅長永泉委司令劉春臺來沙駐防

高司令辭職晉京委劉承乏

壬戌十一年省委警衛隊統領郭錦堂來沙駐防旋以胞弟郭錦英爲縣知事

劉司令是年召省旋委郭錦堂來沙駐防弟錦英原充洋口稅厘局長因現任知事魏炎報病辭職卽呈請省憲改委錦英爲沙知事未到任前暫由團長楊廷英代理

癸亥十二年匪擾東區

四月有匪名鐩昀刼掠官嶺根竹坑上下弓坑爐坑雙溪等鄉燬民房幾盡惟官嶺鄉被匪

擊斃男婦六人九月下遊匪林桂芳刼掠上洋鄉燬盧姓庫屋二座焚死婦孺計十四人同時大發墩鄉亦擊斃三人

是年夏郭統領鑄小銀行用時銀色高低不一銀色愈低則物價愈高大洋一元兌換小洋自十二角三十餘角不等斗米價增三十角以上沙民生計大受影響云

秋郭設懇荒局分發烟苗種子時郭統領陞授旅長籌餉招兵設局長售烟苗種子每錢價大洋五元勒令沙轄農民領種民不敢違

甲子十三年春烟苗歉收

舊秋領種煙苗至本春長成花而不實郭派幹員下鄉勒令領種農民賠償大鄉以千元計小鄉以數百元計民無力者不堪其苦云

九月九日郭令錦英卒後三日郭旅錦堂亦卒季弟鳳鳴以團長代撫其軍

先是英病就醫延津聞兄堂病劇趕回沙未至城而卒逾三日錦堂相繼卒季弟鳳鳴時爲

團長入撫其衆代理兄職

是月代旅郭鳳鳴豁免烟苗賠款

民苦烟苗賠款郭代旅知之已詳乃會同縣知事郭鳳城出示豁免農民稱快如釋重負焉

是年匪犯東南區

春月下遊匪陳秀清刼掠東區上洋正地燬民房三十餘植擊斃五人擄去小孩三九月匪黃維揚刼上南焦坑鄉適與巡防隊遇對擊失利燬民房七植及余氏祠十月下游匪鄭得貴假冒官軍混入東區高橋鄉繳郭部駐軍槍二十餘枝下令派餉以官庄花坪兩鄉未允燬民房幾盡人幸走免

十月尤軍入沙下南郭部士卒率眷出走

尤軍入下南時代旅郭鳳鳴已往歸化剿匪其士卒乃率眷屬出走迫月之廿八日郭部鍾營長銘清馳請北軍來援獲勝郭始回沙招撫其衆仍爲旅長如初

乙丑十四年夏匪擾東南區

德匪蘇毅忠集白水漈及馬鐙峽凡屬二十都及二十四都一帶鄉里均被刼掠無遺其少

婦幼孩擄帶下游發賣者指不勝屈又與下游匪林桂芳胡金花合夥刼掠上南區巖前安坪蔣坡泮嶺龍鳳坡松樹坑後盂等鄉燬民房土堡外擊斃龍鳳坡鄉民六人擄去泮嶺鄉民六人

秋匪犯北區

下游匪林桂芳陳景文糾黨設卡於羅溪苛抽肩挑貨物勒派各鄉助餉凡上洋花坑白溪水頭窖口池村等鄉相繼被燬幾盡其柳源荷山黄地延溪姜后羅溪富積坑通門等處亦被燬過半計擊斃七八人

丙寅十五年正月十五日申刻地震

其震動度及時間與庚申年等

夏秋連旱

夏秋不雨早晚二稻田有水源者較往年僅得六收在高燥之地全無收獲

是年匪擾東南區

擾上南區匪蘇義忠本春由馬鞍峡徙項頭土堡爲巢穴自二十都及廿四都一帶鄉里大

牛爲墟刼擄情形不堪言狀其以下南九都爲蔽者則有蘇園黍林宗高都內有名木魚仔者又爲之偎非擄人音卽勒助餉凡六七八九等都無一完全鄉居民亦無寧日十月二十七夜又有匪陳亂閣刼掠東區高橋鄉燬舖屋八十餘植上洋鄉亦被匪王建侯焚居屋十餘植擄去小孩三

丁卯十六年春盧師長光國派團長黃慶彩率營長張勝高駐沙防匪

黃團長張營長到沙辦匪嚴厲民有警報無論遠邇卽親督兵剿辦勞瘁不辭四鄉伏莽不難漸次撲滅云

夏四月國民革命軍曹軍長到沙郭部召省

國民革命軍何軍長入閩時郭旅已派員接洽旋卽陞旅爲師令所部晉省編制訓練故曹軍長到沙但開會演說題餉而去

戊辰十七年匪踞頂頭土堡團長黃慶彩率兵擊之

黃團到沙後卽派羅成凱率隊直搗其穴除擊斃外餘盡潰散其散伏之匪又爲營長張勝高殲滅當時人心爲之一快

春月匪首林桂芳被誅其弟林桂成率衆擾北區桂芳死後桂成等領衆勒餉不遂遂焚上賢山堆積坑山豕全鄉又焚湖源碧溪陳墩等鄉各十餘家財物被擄一空擄去鄉民二十餘人

夏六月溪南有猿爲患太和游鳳水南城外等鄉幼童連日被噬五六人縣出示捕捉商界懸賞招獵戶圍攻猿遁去不知所之

是月匪黨吳石泉黎玉明焚相對坑該鄉百餘家爲通西要路向有匪患經鄉民協力抵禦匪不得逞此次乘鄉民未備突放火焚之

秋月匪黨林桂成李陶萬張成龍入南區六都胡樵岞八都長老庄皆被擄傷死三人據大小坪萬答嶺爲匪巢

八月沙縣縣政府成立

八月一日沙行政署奉省政府令改組爲縣政府

附錄

宋

政和間葉隆吉家瑞花生於庭狀如牡丹紅豔不謝建炎中隆吉第進士名其堂曰瑞花

定光佛嘗經沙縣幻身爲老僧自溪南處步而渡李忠定適遊溪滸見之知其異人也乃延叩姓名土著僧曰鄭姓世居泉南今在汀州忠定曰子肯爲我留乎曰不可因以前程卜之援筆作偈曰青著立米去皮那時節再光輝初不知其謂何及靖康改元詔徵還朝始驗偈中意焉

大觀間羅黌肄業太學學中神祠甚靈黌默禱前程夕夢神告之曰子已得罪幽冥宜急還鄉前程不必問也黌懇曰某生平操守維謹鮮過舉願告獲罪之由神曰無他過惟父母久殯不葬耳黌曰家有兄弟獨罪黌何也神曰以子學禮義爲儒士獨任其咎諸子碌碌不足責也黌痛悔恨遂束裝歸甫及家而卒

昔有何姓者忘其名嘗尹處州龍泉縣夜夢美女入謁詰旦縣人禱雨於仙姑祠得聖水一瓶爭取之不均訟於尹尹知其異悉收之任滿攜歸分爲三以畀二子一女一藏七都大基嚴

一藏八都泡塢一失藏所歲旱鄉人啓瓶取水水湧而出噴起一二丈遇蛇虺則雨

鄧右文葬母於洞天巖之上巖石忽迸小隙出泉一脉可給數百人今爲觀音閣鄉人祀之求泉於隙隨人多寡飲之俱足

明

晉峽園班竹溪有竹可爲燭燃畢亦無灰相傳昔有一人借宿其家辭之曰吾小村無燈可照今晚不敢納也借宿者曰何患無燭前嶺上竹皆燭也數取以燃之遂傳至今

成化癸卯歲當大比正旦日教諭周政躬禱於邑之城隍祠夜夢立於櫺星門下風雨大作有神人曰寓舍後井二龍潛焉今將啓蟄矣時惟曾生侗在側既覺知其兆在侗作時期之至秋生果得第

洪治壬子三月教諭錢光訓導王承芳率諸生詣府應試畢歸舟泊大磯灘側居民設筌岸旁以取魚舟人卜曰舉筌得魚吾邑必有登科者發之果獲一鯉衆皆欣然以爲祥有頃又一鯉躍入舟中是歲庠生謝璣果中鄉試

二十三年銀河溙之對面水中有石色黃狀如牛鄉人名之曰黃牛石古有讖云黃牛石上山

杉口人傚官初石在溪中嘉靖時稍稍漸進水涸石後倘空過二大船越數年漸漸進入山崖抵崖巳至山麓矣有里人林一舉者以選首爲南陽訓導人以爲驗焉

嘉靖十五年十月新學明倫堂之西掘地得一坎廣六尺深八尺高如之皆以花磚甃之中置一石大如碗圓如珠絶無追琢痕又非天生者不知昔人果何爲至卓君鈿見云渠鄉一山庵上僧常見山麓有夜光一僧黠滑識而發其坎正如是中亦置一石與此正相類或以爲葬穴或以爲齋僧棲宿之所竟不知何爲也

（清）孫義修　（清）陳樹蘭、劉承美纂

【道光】永安縣續志

民國二十九年（1940）葉長青鉛印本

重印永安縣續志卷之十

祥異志五代同堂大年併附　舉世不言祥瑞而昇平化洽時呈見於天地人者不一而足間或天時人事偶乖亦吏治民風所由係覘治者於以占休咎徵政教焉志稽祥異　乾隆二年丁巳嘉禾生　乾隆三十六年辛巳西門外火燒斃婦女一口府志　乾隆二十九年甲申四月大水城內水深丈餘衝塌城垣二十二丈倒壞房屋一千二百七十五間淹斃婦男大小一十六口府志　乾隆五十五年庚戌三月二十二日治南桂溪尖嶺鄉將晚大雷雨忽有物形如地龍大如木桶長可丈餘突穿邢貴長屋左田鑽入一穴深不可測只見下水如滾湯熱假而山下田邊黃泥水流出二日乃止　嘉慶五年庚申七月十七日大水比甲申高五寸漂塌淹斃更甚　嘉慶二十三年戊寅大嘉慶十八年癸酉八月邑南鄉雨如粟色紅俗以爲天雨粟理或然也對年穀亦大稔　嘉慶二十三年戊寅大赦錢糧　道光二年壬午十二月二十四夜西門外火延燒城內城西安仁進賢仁義龍興五坊房舍數百間至忠英廟前止廟亦燬　道光四五年間西南路多虎傷人數十有忠洛鄉庠生江作錕以兄亦罹害呈縣請捕時典史李崇源請於縣躬迎城隍下鄉爲文以祭之虎患遂熄　道光八年戊子三月初九四處山水暴漲山崩田塌東門外武陵橋盡圮　道光十年庚寅夏大旱四月間冰雹大者如卵小者如彈遍地堆積　道光二十二年壬辰十二月大雪連旬平地深三尺爲數百年所僅見　十三年癸巳十月十七八夜月重輪

大年附　舊志男九十四歲女一百歲迄今仍之　朱彩西學人一百歲　黎贊孫坡门人九十七歲　陳如表上坪人九十八歲

葉吉麟西洋人九十七歲　賴煥在城人九十七歲見貤封鄉飲　陳祖詒安砂人庠生九十六歲　朱啓鋐大陶洋人現年九十七歲　張祿炯堪頭人九十五歲　陳元科上坪人九十六歲　陳文紀在城人九十四歲　馮繼恕九十四歲見鄉飲　陳祖謙安砂人九十四歲監生　蘇元梯西洋人九十四歲　何氏安砂陳紹源妻九十九歲另有傳　艾氏張先程妻壽一百歲　陳氏大湖善者賴侃妻九十九歲七子皆列庠雍世元孫十餘洵人瑞也

五代同堂　陳聖功上坪人監生年八十九五代同堂　劉名樹小陶人現年七十八夫婦齊眉五代同堂一門且慶　朱文

致 監生大陶洋人現年七十八七子八孫曾孫有七元孫一五世同堂縣令孫以緒衍書扁冠奕子進晉例貢五子進茹州同六子純英晉千總

餘多列身庠雍

【乾隆】將樂縣志

（清）李永錫、程廷栻修　（清）徐觀海等纂

清乾隆三十年（1765）刻本

災祥志

宋

紹興二年四月至五月霖雨，秋大有，人以爲祥。

元祐五年大旱。

嘉熙四年秋饑，米價騰踊。

淳祐十二年秋大水。

是時嚴信衢婺台處建延邵九郡俱大水，月城郭漂室廬，人民死者以萬數。部遣諸軍計院師輿等往建衢饒劍等處賑貸，蠲役，蠲九郡苗米數十萬。

寶祐戊午夏水漂田，秋新興蝗，民苦饑甚，義士鍾元龍發廩減價以賑之。

元

至正十六年七月僞知縣鄧仕明寇將樂軍民總管吳林淸克之九月比圖蕭艮全砦山嘯聚吳林淸平之

十八年淸流賊火星捩女將軍寇將樂吳林淸戰於黃土嶺斬獲殲之

二十五年泰寧賊江海寇將樂吳林淸剿之

至正四年夏秋大疫福邵延汀四郡皆然

十一年臨川賊鄧忠使將樂邵武路總管吳按攤不花却之

明

洪武元年，汀寇金子誠攻陷將樂，朱平章克復之。

永樂十四年，秋大水冒城而入，漂蕩廬舍。

十六年，縣治災。

正統十三年十月，沙尤賊鄧茂七寇將樂，指揮楊華、千戶徐昇計卻之。民困饑荒，幾殆，自必安開倉賑之，城賴保全。

先是，邵武衛指揮楊華奉樂御史文顯檄守將樂，其人皆陞然起，將人輕之，號曰馳楊。遇茂七圍城，將陷，邵關凡七重，造呂公車，高比樓櫓，中登四層，數其旁發弩矢，繞城布機，鼓譟而攻，凡四十六晝夜。徐昇擣

以巨木少却復進長㫒駭不知計所出華易之無術
色遍索竹篾藝以燥葦投其車上復令丹督鐵丁
鎔鐵爲汁貫以陶缶遍擲車頂須臾火
發燬其車賊多焦爛仆死無何引去
十四年沙尤餘黨吳器古楊勝圭流刼將樂義民余士
榮討捕之
茂七就擒餘黨器古勝圭復延將樂巢竹舟地方
出擄掠黎貲軍務金尚書濂患之檄士榮密捕士榮
躬詣巢穴諭以禍福偕勝圭詣金所伴授以巡檢官
俾歸復引器古同降既至俱以軍法從事兵不血刃
而大憝授首人
多士榮稽云
成化四年四月大水
五年饑光明楊岸都民强發富民倉

七年正月初一日明倫堂鼓自鳴時五鼓教諭童恒起視之無一所得是歲生員余彥發解

十一年自夏徂冬不雨菽粟無獲災沴薦臻人民困苦莫此爲甚

二十一年夏大水霪雨浹旬溪水暴漲襄城郛郭舟行入市橋梁崩圯廬室盡壞損田稼物產不可勝計十一月廣豐倉災焚廒八及預備倉穀連文牘盡燬

二十三年夏旱

宏治元年五月大水

四年縣治東廓災　夏饑

十一年七月大風雨雹發屋飄瓦仆東甕城樓

十二年十二月南隅災起初四日之酉熄初六日之卯延燒公署廟學及軍民廬舍二千餘家所部檄有司發公帑餘粟賑之

十四年七月東隅災延燒軍民廬舍六百餘家死者十八人本府同知丁隆躬爲卹發役給公帑賑之

二十二年五月大水漂流三華橋及龍池都民居蕩傷田稼尤甚本縣上其事不報

正德八年虎食人　冬饑

十一年秋霜隕稼

十二年正月舍人董旭等爲亂　因西隅忠靖祠正月望日禳災事召釁

十四年夏饑

十六年八月朔日未初日蝕星見禽鳥投林

嘉靖二年十月南隅災自南徂東延燒官民房千餘家

六年饑隆安都民伍喬等勞富民倉穀以飽

七年虎過傷人縣簿洪俊教民設穽捕之其害始除

九年秋霜隕稼　冬旱

十年夏大饑隆安張源安仁上隆渡等都民張庚先等強發富民倉攫食本縣出預備粟賑之

十一年秋霜隕稼

十二年冬大雨嚴雪魚鳥僵死

十四年五月洪水

十七年光明等都民蕭仙惠等構定斗式病民　十一月南隅災

十八年三月雨雹

十九年五月大水

二十一年三月北隅災

二十三年正月地震　八月西隅坑邊災　十月大疫

巡按御史何維柏檄有司發粟賑之

二十七年二月南隅災

三十四年虎食人　本年籍民為鄉兵

自倭奴入寇都御史阮鶚檄縣每圖括壯丁數名以充鄉兵時檄兵訓練給工食銀七兩二錢聽召征勦民間騷擾殊甚及倭變息而兵始罷遣

三十七年二月胥為災　民間訛言有馮騮精其狀如猫着人衣裾必死家插桃柳枝以厭之夜則鳴金擊鼓列炬于室男婦守之旬日方息　夏大饑池湖都民黄萬逋料黨連軛仔

伍和尚三十六人號稱小宗仙白日持刃橫行市鎮擄物淩辱莫敢與敵典史施良範督捕莫能制招撫為捕盜給帖照以羈縻之為患愈甚後閩七八上杭為都民張元設計擒之黨悉斃於縣獄

賊流劫隆蔭都余家坪地方義兵周長戰死

三十九年七月大帽山賊流劫永康都水口地方尋退歸化縣丁雲臺延平衛官軍追至敗績十二月十九日程鄉賊首陳紹祿攻將樂城營于南郊據五馬山為陣民心惶懼知縣俞一中危之出帑金賂之不去民纔火焚南樓復徙營于水南東西北三隅募義兵與戰於三華橋賊中矢死者多方引去所過鄉都焚掠如[illegible]殺傷男女甚衆歸是擾攘無寧歲迨隆慶間方息

四十年程鄉賊蘇阿普傳部五等流劫馮安等都延平

衛正千戶王堂領軍禦敗襲之入王堂死後追殺者

明等桃木所軍人騎營機兵楊觀戰死於永吉都前

淺橋 日炎太至秋半大饑米價倍騰自秋徂冬大

疫內成頗豐民病不能穫日聞流賊倏至男婦力疾

逃匿凡啼孩咸拋死之

四十一年虎入城 三月軍人雷皮為亂因流賊賞用官缺餉罷兵守三倚淮悍軍雷皮倡亂千戶徐坦撥竟論成 五月二十八日洪水衝崩

三華橋地淹民居水封其戶

四十二年正月流賊劫掠隆渡都蕭城 冬雷雨三日

溪涸不流魚儘死

四十三年夏洪水塌水門城垣

四十四年虎食人　五月洪水

隆慶二年夏旱　八月蛟湖都民孫賽奴稱亂千戶唐

煥許名威百戶謝應輝鄭印克之先是賽奴掘地得

方石如印輒造妖

言惑眾亡賴者響應揭竿斬木據蛟湖都為寨以臨

不軌所在成燼蠢動四境煥等傾軍逐而去之後賽

奴就擒餘黨

俱斃於獄

萬曆元年自夏徂秋不雨

二十八年地震　十月南隅災

年五月洪水秋米價騰踴

四年旱

五年虎入城九月二十七日彗星見於西方芒指東經月乃散本年縣尹范大護募能者建瑞光塔匠者方伯儁負其能寺僧近代時之僦其費民聽刻高二丈傭作不如旋壞至八年十月塔甫成尚崩傷役子壓死

十年施澗鄉民劉氏妻一乳三男

十一年萬歷新錢阻格不行罷市三日先是滌樂用元豐通寶大錢民間稱便及發新鑄萬歷錢人情恟恟罷而知縣黃仕正諭令新舊兼用民始貿易如故

十二年九月二十一日戌刻有星芒如斗自東南竟天

流入西北有聲隱隱如雷明年二月聽聞麒麟災

十三年二月日赤者五日晦日縣治前西街火先是術會延平

順昌供知八心成驗是月二十五日玉華鄉火燒少

□晦日之□火起自西南而東而北延燒官民房屋

觀嘉靖三年尤甚居民嘗見夜半大光如毬升沉靡

□人心□□知縣黃仕正晝夜憂懼以慰輯之民

而民乃起仍請發

預備倉粟遍賑之

十四年淫雨自春徂夏四月大水城垣頹塌知縣黃仕

正修築之

十五年虎入城食人知縣黃仕正募獵者斃之

二十一年六月大水害稼知縣林熙春請賑之

二十三年饑，斗米壹錢五分。

三十一年十一月初九日戌時地震，壓死有聲。虎傷人，有司設法捕獲，至三十四年其害始息。

三十七年己酉五月二十六日大水。先是三月間□旱，如焚者二，參震雷雨，至是日大水入城五丈，山崩地裂，溺死者萬數，漂流民舍田園房屋、城署、學宮、橋梁、道路，不可勝計。署縣事推官鄒維璉□修學城垣，請蠲免田糧三千八百有奇。數十年來大水無如此甚者。

四十五年丁巳五月十一日，日下有紅綠二暈，歷五六日方散。十五日黌宮內雷霹殿柱六根。

天啟六年丙寅八月二十日戌時，流星如虹，光芒亘天。

牆壁皆裂起東南竟西北落時有聲隱隱如雷

崇正元年戊辰饑斗米貳錢民多不得食

八年乙亥十一月二十五日戌時地震越二日酉時東

隅寺巷災延燒北隅松橋街千四百餘家明日午熄

知縣嚴師範發義倉穀賑之

十三年庚辰七月上旬午時天雨黑豆是年九月縣戶

書劉基邵微陳

猾蔡爲甫等通積歲逃徭匿南裁三全微饑擬擺派

役免知縣廖攀龍庇如生員熊亮蕭曉光饒兆奏累

婪術侵[illegible]其疏入奏奉旨發回原籍令

撫按廉實免龍官各逮坐[illegible]三年亦斃

十四年五月大水白蓮降安[illegible]豐等處地裂田沒山崩

長沙[illegible][illegible]人數七。

十五年五月瑞光塔頂起圓光有聲如雷。

十九年甲申七月大旗山頂出旗五色踰時沒。

咸豐

咸豐六年丙辰八月粵匪之際縣未設官民無強弱蜂擁富貴家攻劫名曰討齋。及十餘日民之有睚眦者投其人于濠，強者敢于橫行，宰牲歃血，號曰聯哄。鄉勇之害自此始。

四年正月二十四日寧化賊羅廷等焚刼元坤。六月

十七日大水漂流田舍溺死無算城中水深三丈餘

九月初六日光明都蠹書吳長文奸民謝七寶等把持還租斗械誘瀘溪賊藉名義舉陷城殺知縣錢楞于等全家死難殺縣丞方抗于祁吳謝二寇等為其黨所敗

五年正月十三日江西巨寇鄧天本賊部僉守貫等破城殺士數十民老幼千餘擄婦女數百焚縣前鼓樓五經書院四隅內外民居一空從來寇烈惟此最慘

六年正月二十六日賊羅廷等又破城殺百餘人焚城

[illegible]民居分禁明倫堂前門水門橋門後復附順昌縣

二月十三日屯淨安都賊自相屠殺殆盡　十二

月初四日黎明盧溪賊數千薄城有潛上者城甚危

知縣王廷巾督駐防盧有成諭民分守乃引數騎背

城一戰自西轉北殺賊數百生擒數十賊潰去

四年庚寅許鄉虎食人有時入城經四五年害息　十

一月二十七日地震屋瓦有聲

八年五月雨雹大者如碗小者如鷄子積厚尺餘聲砰

發瓦折樹傷人東南鄉及城中水南爲甚　是年南

鄉巨賊吳賽娘等爲亂，據仙人堂爲寨。明年正月，延平副總馬夔龍、袁光祖、王汝正、賀國相、劉勳、木下縣丞張欲壽、舉人蕭夔璵、廖椿、生員張靜、百姓徐壽孫等詣寨招撫之。賊弟大娘來降，越三日逸去復亂。

十年癸巳八月，三華橋下渡覆，溺死士民老幼三十餘人。五月，副總賀相國兵圍吳賽娘，斬大娘。九月凡吳賊復逃。

十一年甲午九月，副總高守貴、賀國相復兵圍寨斬十總柴自新獨討擒斬之。

十二年乙未夏大饑斗米五錢知縣呂泰韶令富戶出米平糶不繼以豆麥濟之巨賊楊成洪私部客兵鄉勇黎明斬門入乘機劫掠焚洗士民數家頃刻立盡是月呂泰韶卒于任八月十三日辰時東南方天響如雷踰時息九月初六日總兵王之綱副總高守貴順重標江西參將吳其千總柴白新泰撫院宜永貴檄三府官兵會勦成洪巾銃死賊先鋒楊君贊等就戮軍師梁鍾英廖仲珍杖斃于獄餘黨悉平

十三年丙申正月十五十六日大雪積厚二尺餘旬日

不消。

十四年丁酉三月賊成洪弟楊三楊泰等集餘黨數百盡焚高灘民居千五百餘家殺生員廖英全家復殺其賊將黄海吳朝賓及殺傷平民甚衆順昌駐防千總朱有功將樂駐防把總樂燦擒三等斬之

十八年辛丑夏大水

康熙四年乙巳大旱閏八月乃雨

五年丙午夏四月大火東門寺巷以延至東西南北四門

六年己酉十二月二十六日子時地震

十年辛亥五月大旱

十一年壬子大饑斗米五錢六分

十三年甲寅三月地震耿逆叛 四月南門甬道中有

光掘地得石碑碑刻方畢壁稅起天長大土堆綿

一與十二年五月初九日後至康熙

二十年西路鄉民凶旭屋

戮鴟梟破城尺鋪前兆之

十五年丙辰九月

師出蕩平耿逆

十六年丁巳十一月十二日戊時地震

二十年辛酉太白經天 二月彗星見凡三夜 四月

因抽屋稅西鄉賊攻城逐知縣胡宗鼎鼎奔府延建

道修其命免屋稅撫胡復任九月西路奸民馮開仔

等復聚衆數千攻城遊武副將郭同守備田討平之

擒渠魁馮開仔梁丁仔蕭天開奉

斬首其餘黨蕭韶等十八人杖斃

二十四年乙丑南門街災

二十九年庚辰正月初一日

文廟災 夏旱斗米二錢 明年辛巳重建

文廟鄉士子捐貲以鄉賢入祀其先

論曰鄉賢得配祀聖賢是亦聖賢之徒也爲以貲入以貲入則褻也今悉遵　功令釐正書此以甚當時官師之失其可諱歟

四十九年庚寅五月二十五日日有重光虹見于東方

五十二年癸巳順昌奸民盧天璋爲亂邑中戒嚴

五十四年乙未三月虎入城噬一人于松橋街

六十年辛丑夏大旱　七月北郊外災

雍正二年甲辰七月南關災

三年乙巳夏旱

四年丙午夏旱　大饑　疫

十一年癸丑七月北隅災

乾隆四年己未三月北隅災

八年癸亥大饑　四月義豐圖龍西山民熏金壽等擾害民伍姓會知縣呂錫璘飭典史會營把總捕拏壽等拒捕呂約遊擊由　七月瘟
希成帶兵往捕悉拏究擬壽瘐死獄中

十四年己巳九月西隅災

十五年庚午四月大水　七月大水東北隅水溢民居

二十三年戊寅六月二十八日雷擊明倫堂

二十四年己卯六月二十八日雷擊明倫堂古樹。時霖連注，

先坊市綏邑諸生伍思鏘適詣訂計算生詩仿三雷從

堂見過生生出火輪灼爍劈庭中桑，其時日與戊負

訓生今年八十有六，言

之鑿鑿，理不可解也。十一月西隅災。

二十八年癸未三月南隅災。

二十九年甲申霖雨自春三月至夏五月。

三十年乙酉夏饑秋大有。

論曰：古今言祥瑞者，詳于禮運，而歷代史氏因之，然

春秋記災記異而不記祥。記災以示警也；記異以防

災也；不記祥以戒諂也。故齊侯問晏子，對以飾也。

鄭君問與臧孫答以緩從天道遠人道邇災變應天
由來尚矣將自宋前無考凡水火者什五而盜寇者
十點司牧守土能無惕息乎君子居其地必究其常
之所從生雖曰天心亦由人事也彼夫白烏青鹿甘
雨和風盡豸瑞草歷史不無粉飾之詞歐陽公所謂
雖有善辯之士不能祛其惑也郎鳳凰麒麟醴泉之
德諸福備至亦惟
聖天子德盛化神之所致豈區區循吏所敢望歟故稿
附春秋之義而詳著其災所謂祥者則畧焉

【民國】尤溪縣志

盧興邦、馬傳經修　洪清芳等纂

民國十六年（1927）鉛印本

祥異

休咎之徵胥關人事田賜號亡桑枯商熾禍福無門轉移有自

藐茲尤邑叠書災異豈乏禎祥貴乎能致恐懼修省天休滋至

志祥異

大觀二年溪水暴漲壞民居無數

宣和元年東南榕樹忽騰異光經三晝夜乃滅近村居者盧安邦

吳士逸李仕美相繼第進士

紹興八年秋雨黑雨

隆興間邑民陳油妻產二子肢體異而胸腹相連驚異不舉

淳祐十二年秋大水

元

至正四年夏秋大疫

明

洪武十三年大饑冬有年

正統十三年十月沙寇鄧茂七作亂往攻郡城路經尤溪大肆殘害

正統十四年沙寇鄧留孫復攻陷尤溪旋克復之

成化八年秋七月大水冒城而入漂民廬舍

成化十八年大旱歲飢

洪治五年漳平寇溫文進攻城殘害鄉民副使司馬亞平之

洪治十三年三月大水

嘉靖二年正月二十八日汀寇自城西北隅攻入邑人逃竄不及大被殘害

嘉靖四年二月雨雹壞民居折樹木

嘉靖五年自四月不雨至秋七月

嘉靖三十五年民間鬨傳有馬騮精其狀如熒著人衣裾必死家家插桃柳枝以壓之夜則鳴金擊鼓列炬於庭環婦女於其中以守之旬日方息五月大風雹壞官民廬舍六月大饑

嘉靖三十九年反兵流刼附近各鄉機兵嚴春王臬等禦之被殺死城外居民大遭荼毒

嘉靖四十年九月山寇蘇阿普傅詔五等聚衆流刼各鄉都攻縣
治燬城外廬舍殺害居民

萬歷元年五色雲見於東南

萬歷二年八月初四日地大震其聲若雷

萬歷三年五月五日大水衝入城高二丈餘是年大饑

萬歷十八年宣化通駟崇文三坊大火焚民居五百餘家

萬歷二十三年夏大飢

萬歷卅三年夏大水漂城外民廬數十家冲壞南溪玉溪二橋

萬歷三十四年八月火復燬宣化坊民居百餘家

萬歷三十五年夏大饑斗米二百錢冬大熟

萬歷三十九年六月有大星尾如彗照地有光隕於南方六小星隨之其聲如雷

萬歷四十四年建儒學卿雲見出謝杰瑶山新遷學宮碑記

泰昌元年庚申大有年

清

順治四年樟湖坂人鄭勳庸陳子宇等率衆攻城刦掠防守史朝隆宋鼎棄城去

順治五年二月火災燬興賢坊積善坊民居數百家六月李友瓊帥衆攻城燒七口民居

順治六年夏大飢斗米價錢六錢四月明新建王破城副將楊

復之九月新建王又破城守將馬夢龍又復之

順治十二年有年

順治十四年四月初一日大水漂流民屋市可通船

順治十八年四月初六日大水

康熙七年八月十六日大水

康熙十二年三月清明日十九都火雲蔽天俄而雨雹大作堆積數尺雨止山樹俱焚

康熙十三年甲寅三月十五日靖南王耿精忠叛勒兵勒餉民不聊生

康熙十四年耿逆叛偽副將胡天培帶兵千人執知縣李塤勒餉

城中居民遠竄一空

康熙三十八年虎入城知縣閔本貞募善捕者射之一日於西郊外連中雙虎

康熙四十二年夏不雨六月十三日忽雨十四早溪漲入城沿市俱可通舟朝陽寺及水東一帶民居悉爲漂流保安寺左山頂有聲如濤既而霧起水湧寺左關亭洗爲平地水逆流繞塔直上衝城堞而出

康熙四十八年虎災橫行一二三四六十及五十等都傷人甚多次年方息

康熙五十年二十都生員黃日堅妻紀氏夫婦齊眉五代同堂壽

均八十餘歲

康熙五十年三月十四都金雞潭側有石名玉狗忽自鳴如狗聲有頃崩陷九月地震

雍正五年夏大疫

乾隆四年正月通駟坊火燬民居數十家

乾隆六年通駟坊復火

乾隆八年大饑斗米二百四十錢

乾隆十二年八月淫雨大水冲壞民田自是大旱至次年二月方雨

乾隆二十四年二月初五日夜地震

乾隆二十九年九月二十九日地大震

乾隆三十年大水入城斗米二百八十錢

乾隆三十一年九都雨雹壓壞民居大者重斤餘

乾隆三十二年七月雨雹

乾隆三十五年三月大雨雹壞民居折樹木

乾隆三十六年二月雨白沙兩日

乾隆四十二年畝方塘開并蒂蓮二莖

乾隆四十三年二十都池般珍妻洪氏年九十元孫生五代同堂

壽九十二終

乾隆四十四年六月初六日文明橋災燬延水南民舍數十

乾隆四十五年正月初四日大雪

乾隆四十八年九都吳年綬年八十五元孫生五代同堂

乾隆五十三年六月十九日文明橋又燬

乾隆六十年大飢斗米七百錢城鄉米穀殆盡甚有食糠粃野菜者

嘉慶元年二月十二晚雹是歲大有年斗米一百八十錢九月初三夜畫錦坊火燬正學書院并民舍三十餘區十一月二十一夜星隕如雨後有雷聲殷然

嘉慶二年生員陳玉政妻王氏細使年八十有五親見五代曾元濟濟俱列衣冠知縣項國楠旌之

嘉慶三年十月二十九夜滿天星飛

嘉慶五年二十都池禹珍年一百歲孫曾滿堂請　旨建坊旌以昇平人瑞

嘉慶七年二月晝錦登雲二坊夾連處火燬民舍三十餘區四月十二日大水入城冲流玉帶橋

嘉慶八年十一月地震

嘉慶十四年五月初七日大風雷五都雙坑菴後門正中大石忽崩逶迤西行徐步由通溝下至菴門口田當中而止

嘉慶二十三年三都監生余廼綸年八十元孫生五代同堂援例舉報給扁旌曰八葉衍祥

嘉慶二十三年二十都三徑蔣賡颺年八十一元孫生五代同堂

享壽九十有一子孫有聲黌序繞膝者八十餘口

嘉慶二十四年四十九都監生林廷櫟妻魏氏年八十六元孫生

五代同堂

嘉慶二十五年五月初二日大水越一日又大水七月有星光芒

四射從西南而北隨有聲若雷

嘉慶二十五年吳珠超妻鄭氏年八十一元孫生五代同堂

道光二年夏大疫

道光二年二十都仁壽監生吳明高妻張氏年八十四元孫生五

代同堂享壽八十有六

道光二年從九品張開泰妻吳氏年八十二元孫生五代同堂

道光三年二十都黃廷仁妻盧氏年八十二元孫生五代同堂享壽八十有七子孫繞膝者七十餘口

道光六年八月十五夜文明橋上忽有蟲自西而來匹練如霧墜水隨歿形如水蛭白色俗呼魚飯是歲大有年

道光七年四月二十二午崇文坊災燬民舍數區

道光八年十八都網紀生員鄭毓蘭之母洪氏春英年一百有二歲兒孫滿堂有聲黌序

道光八年三月初九夜大水入城水由大田村落而發近水之處田廬男婦牲畜漂沒無算尤之上游田稼亦被淹沒

道光九年六月大風雨雹

道光九年九都吳文立妻胡氏年八十四元孫生五代同堂

道光十年四都監生嚴次建妻謝氏年八十三元孫生五代同堂精神猶健

道光十年二十六都錦池從九品廖大鉦妻陳氏年八十元孫生五代同堂

道光十一年十八都朱國廣年登百歲筋力猶壯

道光十一年十六都生員蔡龍標妻陳氏年一百有二歲五代同堂精神康健堪稱人瑞

道光十一年十六都蔡起波妻楊氏年九十有五五代同堂

道光間昇平坊附生周珍蓮長女幼從父讀長持齋誦經誓不出
閣年四十餘忽一夜風雨交作門戶扃閉無恙竟杳無踪跡
光緒間城内福昌坊陳宗森例貢年九十一終四代同堂夫婦齊
眉

道光丙寅十二年火燒宣化坊下至會館上至學巷口百餘家

道光十九二十年斗米一百九十文

咸豐三年城池四處崩圮六月初八日德逆林　俊率匪數百人
由西北角突入縣署焚燒敬事堂城陷印失知縣金　琳死之

咸豐七年城始修完九月永逆潘宗達率匪千餘人攻城沈大老
帶兵二百名梭巡到尤率人民嚴守賊不克入退回焚燒蹂躪

西路一帶房屋不計其數

同治三年義倉立

同治四年五月大饑斗米千錢

同治七年尤溪口抽捐木𥱼局立

同治五年十一月火燒宣化坊延及鼓樓下至會館上至學巷口百餘家

同治十一年正月初八早飯後火燒登雲坊上下百餘家

同治十一年三月十一夜風雲雷雨大震異常災燬文廟大成殿及兩廡

同治十一年冬災燬萬壽宮在東門保安寺左知縣黄瑞梧遷附

西門關帝廟後知縣程廷耀改建在縣治左捕署後門未完即廢

光緒甲申十年四五月間五十都相傳有火燒鬼作祟鄉民惶恐相率巡驅積水以防不虞五月初八午後新橋酒庫無因發火旋撲滅十三夜街頭藥店延燒二十餘鋪十七日已刻葛竹壠厝屋兩堂無故起火焚燒過半夜間忽空中拋擲小石巡丁驅逐拾其石熱氣逼手

光緒二十三年閏五月火燒宣化坊上至下通駟下至學巷數十家

光緒二十四年五月飢斗米七百文八月大水

光緒二十六年四月又飢五月大水

光緒二十五年十二月十五早火燒青印坊橋頭上街前上至石牌嶺下至巷上下十餘家

光緒壬寅二十八年火燒上宣化前後三十餘家

光緒三十三年五六月日落時西方彗星見長約二丈餘

宣統二三年八九月間松發芽竹出筍桃李橘柚誤花結子

民國癸丑二年五十都晚禾叢生如員葱長尺許內生一小蟲洋田幾至無收由永大漸延各都西路遭此災尤甚故十年來米價騰貴至十二年災始絕

民國甲寅三年夏歷七月初八午後二句鐘火星由南方直射北

方色晶紅可異

民國丁巳六年三月初五午後曘斜火星散落四九五十兩都民國丁巳六年十月間二十一都文華下陽兩鄉早晨門庭道路田園山野咸有斑斑血點數日後彭溪山尾鄉亦然

民國七年夏歷正月初三午刻地大震田水瀑跳墻壁屋宇皆搖動傾斜十五分鐘方止

民國壬戌十一年四月間六都南山鄉陳姓後門地震崩壓民間屋宇三座死十餘人

民國甲子十三年夏歷五月二十夜大水如注洪水暴漲二十一早大漲入城高三丈餘北至縣公署牧愛堂南至朱子祠神龕

墩水南水東近河一帶廬舍漂沒僅十存一二各都俱罹水患村民爲山崩壓斃者不可勝計沙坂一坊查男女淹死六十餘人而同時宣化登雲兩坊如遭火警奇災也

民國己未年夏四月來一鳥歷長羽毛半赤色尾軒如扇晝夜悲鳴不絕似國亡二字其音傷以悲其韻泣以怨及細聆之儼有喚人修省之意冀以挽回天心邑人林紹先有詩誌感云今春有一鳥悲鳴費審詳忽聞如報喜轉聽是傷亡哭訴同儕婦高歌效楚狂時無公治子誰識爾心腸

民國十三年五月二十一早水災冲流文明利見二橋

民國十五年五月重建文明橋落成

民國十五年斗米二千八百文

民國十四年十五年尤邑田野禾稻有一莖禾生兩穗或一莖禾生三穗至四穗者頻年屢見竊聞吾尤得此休徵當必有神聖崛起應運而興以符此佳兆也

【康熙】建寧縣志

（清）周熺修　（清）陳恂纂

清康熙十一年（1654）刻本

災異

宋 元 無考

明

洪武十七年甲子大饑

成化十四年戊戌四月疫至冬方息○二十一年乙巳夏霪雨山水驟溢壞鄉市廬舍

正德十四年己卯春大水

嘉靖二年癸未大水且饑○六年丁亥十月西門火○[illegible]

年戊子邑東南火○九年庚寅四月大水山崩川沸漂田廬人畜無算五月大饑邑令江公一桂發倉粟賑之○十五年丙申東街火○十七年戊戌六月大雨雹十九年庚子五月大水壞鎮安橋及沿河民居六月大饑郡守王公鈁命令梁公隨發倉粟賑之○二十一年壬寅五月北門火十月雷雹大作○二十二年癸卯六月東南火○二十三年甲辰夏饑冬疫邑令何公孟倫禁米出境市藥命醫民賴以安○三十四年乙卯東門火○三十六年丁巳十一月西門火

○二十八年己未雷擊東門旗竿○四十四年乙丑秋

城中疫○四十五年丙寅春饑

隆慶元年丁卯春大水冬西門火○二年戊辰夏五六月

旱○三年己巳春淫雨

萬曆四年丙子北郊火○十八年庚寅六月地震旱○二

十二年甲午冬雪木介○三十年壬寅冬南門大火延

燬文廟及北門外盜殺居民謝昇家男婦十一人

縱火焚三百餘家○三十七年己酉夏大水○三十

八年庚戌正月迎春日河東大火燬鎮安橋及廬舍

數百家

天啓二年壬戌夏大水

崇禎三年庚午九月東門火燬城樓東橋及河東廬舍數百家○八年乙亥秋北門顯武坊災○九年丙子夏大饑斗米至銀二錢有殍死者邑令左公光先力賑之秋西門滕長坊災○十年戊寅夏五月五日下午北黃溪橋水不滿三尺有巨魚長六尺許居民數十爭取之至暮竟無所見次日蛟出鐃山山崩水溢漂沒廬舍死者數十人先是謝家窑有石洞圓而不廣常有雲氣

出於其中至是日有物晝出陰雲四合不見其形初無他異離洞五里忽有黑水平地湧出兩山對峙之處巨木數萬章悉拔根偃仆山盡崩裂巨石如廚如櫃如几榻者漂蕩波中若浮苴梗又巨石長數丈可晒穀八九石者亦漂流五里自謝家窯至源口二十里田中巨石棊布終古不能去喬木合抱者為巨石剉戞皆糜碎而中虛黑水從居民屋內湧出頃刻漂去廬舍溺死數十人其死者或身首異處或手足俱無無臟腑皆虛其水倏忽而湧轉瞬而涸有鄉民在田間農作携女手而歸餘波忽及父女顛頓者再起視其水忽已涸矣其怪異如此較至哀九入大河○十五年

壬午九月晦日黃昏大雷電至更盡止十一月朔日日食因晝晦人無知者○乙酉年民家有鶖飛騰而去不知所之識者以為小人得志之兆至戊子

而其應驗矣

〔清〕

順治三年九月初八日清兵下縣之夕東門火延燬城樓冬十一月暄燠如深春桃李盡華筍長數尺十二月大水○四年丁亥五月十六日大水北城頹是歲水高於壬戌者三尺顯武坊大街皆深尺餘六月大饑斗米至銀三錢○五年戊子三月冠焚水南及北郊廬舍數百家夏又大饑斗米至銀五錢西門井夜鳴○七年庚寅十二月地震又大水○八年辛卯大饑斗米至銀三

錢穎邵武鎮將張公承恩疏通泰米民乃獲安各鄉多虎虎晝出或夜入人室行旅結隊而行亦有被攫去者〇十一年甲午各鄉多疫外寇遍躪各鄉凡男婦避亂山谷者歷受寒暑風雨之氣且飢飽不時驚憂無定故疫癘盛行死喪狼籍甚至素封之家死無喪具此數年間鄉民之死于虎死于寇死于疫死于饑寒水火者不可勝計廬舍化爲荆榛田園鞠爲草莽一望蕭條行旅斷絕可勝嘆哉冬十一月縣前火燬樓舖獄及民居數百家是日風急火猛東南一帶無不震驚防將蕭公永芳親率家丁折斷火路民賴以全十二月望月至中天猶赤色無光〇十二年乙未秋大旱〇十四年丙申四月大風拔木掣去儒學前育賢坊扁不知所之〇十五年戊戌正月鐘

樓災并燬民居數十家樓係嘉靖七年邑令江公一座重建鐘不知何時所鑄音甚清洪可聞十餘里今不可復得矣〇十七年庚子三月地震四月叛兵焚縣前譙樓東城樓及民房百餘家五月風雨凄寒如深秋者彌月〇十八年辛丑五月多驟雨雷雹淒寒如初冬每日將夕滿空赤色雖雨亦然六月西南鄉隕霜如雪

康熙元年壬寅六月二十四日有孽龍出於楚上壞田二十餘里皆爲谿谷楚上臨外屬新城縣其災尤甚有村名官川居民數十家皆湮沒無跡冬十月暄燠如春桃李皆華十一月冰雪

彌旬梅凍不開魚多凍死○三年甲辰十二月初五日銚山巨石崩聲聞數十里桃多冬實越歲菊猶或華○十年辛亥五月霪雨不止初十日溪水漲發漫過城絮衝去聯雲橋石墩三座漂沒水南河東民居七八十家凡男婦棲樓中者皆龍舟十餘隻載渡得全秋八月西門火延燒民居百餘家

【民國】泰寧縣志

陳石、萬心權修　鄭豐稔等纂

民國三十一年（1942）永安現代印書局鉛印本

大事 祥異附

蓋嘗觀既往而得思患預防之道焉事變之來必有其兆思以尋其本預以遏其源得其道則事小而變微失其道則事大而變劇吉凶悔吝皆人事也而氣數不與焉書子天人之對洪範五行之傳後世言災異者率爲爲策傳會益滋然春秋二百四十年間大而日食星變小而螟螽不雨無不謹書於册亦以見先民謹小慎微之意泰自立縣迄今年代寫遠中間憂患頻仍皆可警心而怵目彙而紀之俾守土者有所借鑒焉志大事

宋紹定己丑二年閩學頭陀作亂連破甯化清流將樂統領劉純率之分忠武軍於梅口寨以防羅源筋竹之寇

元至元十四年土賊高從周蔡常播才丁先等據石輞洞作亂至元十八年土賊高日新等據鎮石寨爲亂同知總管府事元准統兵圍之

至正十二年壬辰建甯賊應必達召宣黃賊餘福新敘賊董達等來據建甯縣城遂陷泰甯

二十七年鄉民劉貴鄧華等作亂

永安現代印刷局承印

明正統十三年十月沙尤寇鄧茂七作亂賊將吳𩓞支剽掠邑境訓術黃鉞訓科吳瓊及白土民兵被殺者不可勝計會寧陽侯陳懋尚書金濂統大兵至有吏鄭生越境請援二公至泰剿賊千餘

成化十一年夏四月將樂鄉民蕭實黃廣聰糾衆作亂得爲首者五十二人置之法府志曰分巡僉事韋應賢委同知王佐行縣擒首惡馬鵬等凡十餘人數其脅從逆惡劉祥等兵至縣速取所擬斬衆以爲亡功

嘉靖三十七年三月寧化賊由閩營寄州入境劫殺百姓逃竄山谷主簿張彥聖率民兵高嵩等三十五人截敵於永興路彥聖被二十餘鎗偕嵩等死之彼鄉鄉勇民壯高嵩等附見忠烈傳記後

是年知縣熊琛始築城次年賊又至見城基已遍履竟去

三十九年八月廣兵反由歸化至閩營入邑境鄉兵與敵被殺傷者三百餘人奔逃溺死者數十人

四十年汀鬧賊暴由光澤入邑時築城甫半賊縱火惟東北隅及縣署獲免

五月城完賊復從閩營至錢勇鄧毛依口人率衆百餘人截敵於福興橋毛用竹銃纂石擊死渠魁賊分三路一由鄒家巷一由南禪巷一由登高巷鑿出毛坡過管先是賊由利涉橋攻城幸毛坡賊必至伏兵敗之賊退五里邑令恐夜襲遂毀其橋賊亦渡水南房屋而去

崇禎十六年冬邑令余鼓期於建泰交界之黃平棟障殺盜首李子始兄弟三人又擒斬許辟一匯

順治初賊劉麻子據寶石長排坡作亂大頭紳耆聯集壯丁勦平之

順治三年秋九月總兵李成棟率師由邵武下泰寧

三月永興保賊丁朋江明（羅志明作胡）等掠依口及還渡鄉人討覆其舟賊溺斃

三月二十日獲永興上保首犯王五李青等解延平曾守道縱之旋民兵李五被殺

五月江西寇呂夢彪據永興上高保人縛賊首來獻

六月參將吳鎮討永興不克

七月邑令王懋敬單騎入永興諭降而駐防兵將利剽掠際間而入大敗賊燄復熾

七月邵武副將弛鳳鳴遣將王鎬子協助吳鎮王用勦賊復大敗官兵及鄉勇溺死無算時典史王廷輔通賊遣役葉茂偕二僕縋城守堞者搜獲葉茂并書吏李英李相等殺之并殺王典史

八月初六日賊圍城曹協鎮礩楷率吳必勝江巽等嚴守禦賊不得逞燬城外民房

初九日午後賊四面來攻擊竿傅草燒城忽雷雨大作火乃熄賊首江松等復以板梯攻城幸明令袁世芳存石礮數千用以擊賊死傷多人賊始退時有僧海月者教賊造雲梯攻車用牌板擁護高二丈餘初十日二更推至西城民 鄒應科葛余春 蕭森等縋城於道間堅椿礙 其輻仍藏火藥焚其攻車其 至利涉橋者城上礮

石交發立破焉應科又募李楨余春潛渡水開挾賊營因至十八日防兵猶不欲戰合城皆憤江良心吳必勝等出東西兩門生擒賊數十斬賊數十賊首呂夢彪等奔歸永興保自圍城至是凡半月城外一帶皆成焦土

是月江西總兵金聲桓遣將郭天才率兵來援天才沿途搜捕擒夢彪斬其首以獻必勝以叙功給守備銜江良心給把總銜

九月郭營兵去知縣王懋撤同江良心庫吏黃陽春赴永興安民被困從人被殺越六日郭營同兵救出江良心吳

五年四月寇二千餘人薄城武生江政引之也參將詹雲龍撥田營逆擊於北郊詹自統兵從西門出[illegible]賊百餘生擒三百餘殺之

閏四月參將詹雲龍留援將賀國相守城自率二營兵勦捕將樂隆與鄉賊江益益係本縣生員以罪被革乘亂起兵

二十五日江西杜成芳叛兵數萬攻泰甯賀國相竭力防禦勢將不支適參將詹雲龍率二營兵[illegible]將樂[illegible]賊同截擊之賊大潰

二十八日新令王秉直抵任招撫投誠不許官兵鄉家擅行擒殺寇患漸息

七年庚寅張自盛洪國玉曹大鎬李安民等號四大營本江西叛將王得仁餘孳也流毒江閩間者二年至是

提督楊名高總兵王之綱合擊之於禾坪四營擒

康熙十五年九月海寇吳淑由汀襲邵鄭錦遣兵陷建寧泰寧二縣以上據舊志

咸豐七年三月二十一日石達開由邵犯泰寧二十二日城陷知縣裴嘉禾千總馬辰洲棄城遁

四月太平將楊國宗據城往來凡八次少壯被擄殺者千數百人焚官廨民舍設女館及鄉官

閏五月十七日太平軍聞兵丁合攻由西鄉大田退江西即日鄉丁入城鎮軍門亦領兵到二十三日官兵不戒於火自城隍廟前燒至小南門口並延燒下大街一半秋冬瘟疫大作禾稼不登六月新令朱美鏐到任辦理善後十二月初二日病卒合邑惜之八年五月初七日太平軍由大田入城凡五日約百餘萬衆

八月初三日復陷縣城月餘始退

同治三年三月二十三日太平軍由朱家坳突入弋口大肆擄掠偵知城中有備乃由梅口渡河入建寧

四月太平軍由將邑楊源焦溪嶺藤嶺頭入境

民國六年十二月初九晚匪入縣署奪警備隊槍枝而去

七年正月二十二日匪陷將樂謠傳已抵距泰三十里之吳源城中男婦漏夜爭避出城次晨匪訊不確人心始安

民國十一年春匪首蕭四猴等嘯聚梅林東距城五十里附近數十村悉受荼毒

十一年七月援閩粵軍總指揮許崇智率大軍過境

九月河南軍常德盛師崔馬二營由贛黎入泰軍行所過毫無紀律姦淫擄搶勢同盜匪人民逃避數十里外

國會議員陳承箕在京聞訊偕閩籍議員曾振悉朱觀玄涇訓初等來閩面請許軍長崇智遣許濟部會同王

旅長永泉驅逐之常師潰仍由贛竄去

十二年春東鄉匪聚嘯梅林政府主撫亂益甚

四月十六夜有匪攻城陸軍第二師步兵第六團二營七連九棚副兵李文慶殺匪殉難

十二年藍四則等屯聚永興之天平峯刼擄村落保衛團團總周鳴岐率隊勦斬藍四則老張丁倘魁而歸

十三年汀匪黎志良張福興陸發昇等大掠戴家坊

四月開善九峯匪首楊興樂聚衆千人作亂官軍擊敗之擒匪首楊興樂殺之并僞副官老張置之法

五月碌霞池潭遭匪焚燬殆盡

十三年西鄉土匪陳鳳山派李明標等數十匪立寨於赤坑之石山叢中索金龍山人欵村人執一匪殺之餘

逃脫尋聯大田各村甲丁團攻匪巢獲十餘人盡殺之西鄉匪患遂息

十四年八月十九日匪由將樂烊源竄擾下渠擄去男婦數人

十二月中旬土匪引順昌寇黃文建等約百人駐天成巖附近村落悉被刼掠焚殺甚慘於時數十村及邵屬將石等鄉人民千餘聯合圍攻一面告急邵武派兵協勦大破之斃三十餘人生擒四十餘人至將石殺爲首及引誘者數人

十五年十月國民黨軍司令邱雲福李昌明由建甯入泰知事李華寅逃遁地方公推李光瑤代縣篆旋邱李二司令開拔新招安匪軍副司令連桂芳接防橫行無忌騷擾不堪部下營長林瑞芝率隊反對後經上官察覺將連撤職究辦

按十四年至十七年兩會梅口弋口普溪龍安仁壽永興開善等保被將樂明溪邊境之土匪張逢標羅鴻標鍾維佐等不時出沒焚燬大小鄉村數十擄掠人物不計其數比東北各鄉尤劇

十八年汀州兵駐防建泰兩縣與當地民團不合是年十月初九日建甯團總張震崧聯合各團馳至泰甯圍逐駐兵未果尋退十一日梅口全市店房被駐兵焚燬無餘

十八年新編第二師第九團陳榮標駐邵武派兵一連駐邑文廟兼收公路捐款截收各項糧稅連部儲款甚多於一月初二日夜該連士兵全部譁變刼去路款萬餘元擊斃副官二護兵一

永安現代印刷局承印

二十年四月十八日共黨第五軍團彭德懷攻建甯團軍第五十六師師長劉和鼎與戰不支撤退南平邑駐防營長丁正求知事李承岳聞風竟於十七日棄城退將樂城空兩日秩序大亂十九日共軍僞三軍團彭雪楓部進踞大肆擄掠殺人無算至五月間南鄉團總楊仕聰聯合城東北各團克復縣城

七月將樂龍與一帶大刀會百餘人突入縣城搶奪城保衛團槍枝三十餘桿殺傷團兵數人平民一人約數小時始退

二十一年九月二十日共黨由甯化入境駐軍獨立第四旅旅長周志羣派隊至弋口堵截不克直逼城郊與戰因衆寡不敵城陷周旅退邵武全城民衆因鑒於去歲共黨之殘暴已先一日紛紛奔避流離建甌南平福州各地赤軍第五軍團劉伯堅入城焚鄉公爵宅爐焚迎恩橋并拆毀各處城牆

二十二年二月南鄉保衛團總楊仕聰聯合北鄉團總余思聰等率團兵克復縣城第五十六師派田團駐防科長沈少巽代行縣篆共黨時來攻城因有備不得逞

三月　日共軍據大人形山進窺全城楊團總仕聰率隊衝鋒身先士卒進至半山受傷退回創劇卒

閏五月十五夜駐軍田玉璠縣長沈少巽忽於二更時棄城逃將樂居民驚避先是共軍因邑有備已退贛境聞訊復折回城又陷大肆擄掠燬縣政府及杉津橋

二十三年三月國軍湯指揮官恩伯率領第八十八師第八十九師第十師各部克復縣城共軍退旋復增兵反攻與國軍相持於北鄉窖排嶺峨嵋峯獅子山一帶卒被國軍擊退共患始息

五月十六日散匪二百餘人由建甯東鄉竄入大田附近各村肆行搶殺

六月二十一日晚三時匪百餘由龍安佔據官常口南區保衛團與戰傷隊長一員士兵一名匪尋退

六月二十七日上午四時匪二百餘又由龍安突入弋口南區保衛團與匪激戰四五小時斃匪數名傷匪二十餘匪潰退

七月二日龍安突來土匪百餘人由南洋潭釘竹筏偷渡直進江家坪南陽街等處騷擾尋竄將樂之吳地

二十四年六月十日夜半匪擾北鄉塚下約二小時刼擄財物而去

七月十一日匪竄黃家圩被邵武分駐大阜崗保安隊跟蹤追擊斃匪二人餘逃

二十五年七月三日夜匪竄擾朱口約二小時退將樂之唐家磜廖家地等鄉

八月二十七日由萬全竄擾開善之匪二十八日駐軍一連與匪激戰斃匪二十餘傷十餘并擒匪指導員一斬之

十一月十九日鄉民鄒新義等奪去新橋辦事處槍五枝二十日又入朱口區公所刼去區長及錄事等四人

永安現代印刷局承印

鎗六枝嗣查事出公憤旋將人槍繳還置不究

十二月十八日匪擾北鄉曹家坊刼掠財物并擄去居民二人

二十六年三月二十三日匪佔弋口駐軍一連馳勦平之

三月二十八日匪在魚川擄去居民十餘人由香嶺神下竄往北鄉又擄去保甲長及民衆十餘人

四月匪出沒於黃家圩桂林川壟李家放一帶刼掠

五月十日匪擾上青圩駐軍往勦斃匪數名生擒匪僞隊長及匪兵各一又奪獲步槍數枝

五月赤匪黃立貴殘部數百人擾南鄉開善駐軍七十六師三營派兵馳剿斬匪首三人匪潰

十二月三日匪數十人竄踞上青圩駐城保安隊往剿激戰一小時斃匪數人匪始竄逃

十二月十九日匪自新華坊進大田擄去區署辦事員二人居民被殺者二人

二十七年二月二十五日匪二十餘擾雙坑焚殺擄掠備極慘酷

二十八年一月十九夜縣保安隊班長吳金良嚴正標鄭倚和蕭衍麟等串同隊兵五十餘人叛變殺死中隊長一綁去縣府科長二審判官一刼金庫放監犯嗣經招致回團奉保安處令將該班長等就地槍決

七月二十匪竄大田刼區署步槍五枝殺錄事一人

十一月賊首黄萬松等十餘出沒龍安堡一帶擄人勒贖該地民衆誘殺之患始息

二十九年五月四日朱口賊首蕭來爵許楊等四人出沒於邵太交界之地縣派科員施帶莖率同區丁四人勦殺之

祥異附

順治十九年辛丑五月大水溧溺三百餘人

正統間朱口朱石鳴（舊志作滾拳石）

十四年己巳夏饑秋疫死者千計

成化間朱石又鳴

十年甲午正月地震有聲大旱禾不登

十七年辛丑四月水漲山崩漂浴縣田宅溺死者無算

十八年壬寅夏大水

十九年癸卯饑虎傷人至二十二年丙午患未息

二十一年乙巳夏霪雨山水暴溢民居多壞田苗淤沙人畜溺死無數

永安現代印刷局承印

二十三年丁未夏秋旱禾歉虎傷人逾百數

正德二年丁卯正月初三日雷電五月大水大月旱至九月

九年甲戌八月朔日食咫尺不辨人物者歷三時

十四年己卯四月廿八日大水漂朝京利涉二橋秋七月燬民居三之二

嘉靖二年癸未三月雨黑黍如蘆稌

七年二月火燬民居三之二五月又火

八年己丑五月大水漂利涉橋溺死百餘人十月火

九年四月大水漂朝京橋

十年辛卯七月彗星見西北月餘而滅

十一年壬辰九月初九日隕霜殺稼十一月雪凍長燥魚不能泳

十二年癸巳九月至十一月霪雨米價涌

十四年七月初九日朱石塘鳴三日

十七年戊戌二月初十日天雨黑豆較種者稍圓五月雹大月天鼓鳴

萬歷三年乙亥五月霪雨水漂屋舍民多溺死

二十一年癸巳六月二十四日大水平地丈餘人民溺死城垣圮田宅壞本郡通判高公到縣（按高麟洲通判無姓高者以郡志考之當是楊寶繼任者）勘水災蠲錢糧定米價童謠云癸巳年不太平六月大水出鼓樓幸得高爺來採救蠲錢糶米始安寧

三十一年癸卯二月某日晝晦雷雨交作雹如雞卵畜死禽獸麻麥殆盡八月十七日地大震

三十七年己酉五月初八日大水城崩人民溺死者無算

四十六年戊午北鄉大水衝塌壞城

崇禎六年癸酉六月三十夜大街錢宅失火延燒城屋五十餘丈民房百餘家火出大南門災及利涉橋乃以舟渡旋造浮橋纔兩月又爲水壞

九年丙子六月饑米價騰貴袁令設策賑濟

十一年戊寅除夕城西火延燒百餘家夜半小西門又火延燒五六十家次日元旦江太僕日彩之子江豫敞米賑災

十六年癸未夏秋之間有星晝見南方冬閩營人家左砂上稿咸竹

十七年甲申大疫

順治三年丙戌正月二十八夜城內外民居皆聞鬼哭

六月水南楊家紅梅大放

七年庚寅八月某日盧家巷不戒於火延燒大街至白象橋燬民房二百餘家城屋數十間

十二月二十六日寅時地震聲如雷房屋動搖人驚仆

八年修先師廟於鐘峯上得一芝其色鮮紫盤結玲瓏高一尺餘八月十三夜有星隕地光如月

十一年甲午七月修復南門水灣鑿至殿道陡起黑風吹一巨石出城過隄如飛隕於水南窰邊坑田內先是水深失其故道何十年大街燬息火自像敍法僧忠顯臉

十六年己亥五月雷震寶蓋巖蛇王神像擲於對山旁去一手亭鐘皆仆次年四月朱口人迎像至忠烈祠雷復大震僧民駭逃

十八年辛丑三月初六日日旁有氣如虹繞自晚至夜烈風拔木迅雷大雹永興保屋瓦碎禾植壞五月二十二日水漲入城自南門至城隍廟前大巷尾深五六尺渡者以筏六月不雨而寒隕霜殺蔬

康熙元年壬寅六月二十二日辰時無雨大漲暴漲白漿壁立推沙如山填於河潭陡成大洲

二年癸卯正月二十八夜白氣如竿長數十丈次夜竿上又現紅色一片如旂或曰此蚩尤旂也二月三日彗

星見西方

四年乙巳春疫五月栽種甫畢大旱亢陽如焚至六月十二日始雨米價涌貴秋疫癘大作

五年丙午十一月山下街火延燒數十家

六年丁未六月十一日午末天鼓鳴

八年己酉冬開善鄉宅後山筍成竹

十年辛亥九月初五夜火東門至北門焚民房一千餘家城屋數十間

十六年丁巳二月初八日空中有聲

十八年己未三月鐘峯山樹葉蟲蝕皆盡僅餘枝幹其蟲飛入居民廚房寢室殆遍五月山水暴發三縣皮張湧入城內深數丈東南北三門城牆悉拆城隍廟及近牆一帶居民房屋器物蕩滌無遺利涉橋崩其上有水南客商數十人避水入城方半度而石橋首尾陷邑令尹君長毅法以長繩引下僅救十數人城鄉漂沒民房千餘溺死男婦二百餘口

十九年四月二十八日丑時白氣自西亘東有聲如雷

三十六年丁丑旱米價騰涌邑令甘國墉發倉賑饑

永安現代印刷局承印

四十二年五月亢旱九月大雨雹傷禾稼

五十二年癸巳縣治鑪峯主山靈芝瑞草叢生

乾隆四年己未三月廿六日衙前左巷火次日上水南火延燒百餘家

七年壬戌二月初十日大風雨雹江家坊人家祖龕墜於廳前木主不動惟香爐如赤毯飛去後於大洋嶂得之夏彗星見

十年乙丑夏地震

十五年庚午十二月二十日雪後雷雨交作

十六年三月藍月色如血龍安普綠坑虎患傷殺百人

十七年正月十三夜大街延燒至街頭凡數十家

十八年癸酉九月十四日白象橋火延及南門至大街近百家與去年正月火處適相接也

三十三年戊子八月一日大風拔木是月大雨雪十月十一月虹屢見衙成竹

三十四年己丑正月初五日酉刻虹見於東氣後有黑氣二道約如天河東西亘天者兩夕四月十九日大雨縣水暴漲衝利涉橋及城垣數處八月有星孛見於東光二丈餘以上舊志

嘉慶七年壬戌七月大雨地水湧出北鄉大溪浮沒渡舍居民登鑪峯避水據府志補

道光十三年癸巳六月螟蝗害稼禾苗不登次年大饑

十四年甲午大饑斗米值錢八百餓殍載道至秋大稔

咸豐九年七八月西方彗星見長二三丈冬至雷鳴城大街謝宅門首出紅蛇

九年四五月東北兩鄉虎患傷數十人

同治元年壬戌春月地震

六月初六日朱口大水漂沒田墅無算

光緒元年十二月十八夜七口街火延燒六十餘家

二年新橋市火五月十八日梅口大水沖沒田產甚多

三年丁丑五月初六日開善大水

八年二月十五日晨有五色卿雲布滿東方是年歲大稔

十一年十月二十一日酉刻星霣如雨

十三年城鄉痳疫殤幼孩數百

永安現代印刷局承印

七月貫綫鄉夜深閧聲甚厲九月該鄉江右船幫與汀州船幫爭械鬥鏖方死者甚多

十五年元宵酉刻利涉橋燬

十七年辛卯三月初三日雨雹狂飆大作屋瓦皆震拔木飛數里外同時張家坊文塔鐵頂亦被吹飛里許又

文昌樓亦圮

五月二十日大水暴漲衝塌杉陽橋一墩兩洞

十八年初五日弋口街火

二十一年二月大雪平地深尺許七月集賢書院燬冬杉陽書院又燬

二十二年冬杉陽橋燬

二十五年七月二十五日弋口街火

十一月十一日黃家圩火延燒殆盡

二十六年正月朔日有八星互爲纏繞向北角出入光芒四射

二十七年開善儒坊尾江承南宅梨兩實大田市上街火（民國五年大田市下街又火）

二十九年十二月二十六夜朱口市火延燒五六十家（三月疫身帶黃色染者六日斃）

三十年甲辰臘月小寒雷鳴

三十一年夏彗星見西南方

三十三年三月初五夜利涉橋一墩兩洞蕩於水五月二十七日城隍廟燬十一月十二夜縣署大堂二堂燬

宣統二年十二月雷鳴五月二十五晚朱口市火延燒五六十家三年五月初十日譙樓圮

民國元年壬子七月十五日夜半梅口上街火

二年癸丑正月二十五日梅口下街又火

三年甲寅二月十九日大雪雷冰折木四月許龍村竹枝生楊梅

七年戊午正月初三日上午地震

十一年壬戌閏五月十九夜東隴許坊街火延燒殆盡

十二年大旱傷稼

十二年二十六日寮坑屋後山崩壓沒屋數椽同時屋內發火焚斃男女十一人

十三年三月二十九日匪焚龍安市又焚大布圩

四月匪焚池塘及徐頭數十家冬虎入城

永安現代印刷局承印

十四年六月二十六日下午匪焚冢下上齊好店鋪

十四年秋北鄉黃峯巖石洞鳴三日不絕

十六年六月十九日正午北鄉鄧家塘林婿嬪二歲兒與同居小孩五六人戲於廳忽不見遍尋無蹤

十六年東臨將溪保農民廖家嬪家雄雞生紅卵

十七年六月匪焚弋口

十九年四月匪焚官常口

二十年四月匪焚龍湖童家祠并民房數十家

二十二年新橋柞樹下屋後樹間忽現彩旗

二十五年三月十七日午大風拔木渠口葉氏祠戴家坊福民橋均毀

四月十八日北鄉繰頭村火

二十六年一月九日南鄉柿樹墊火延燒六十餘家十三日黃地火

四月城中麻疫流行五月五日大雨雹

二十七年四月九日西鄉大洋坑丁家坊二處火

二十八年一月二十二日東鄉上黃嶺南鄉甯路同時火

六月十七日大水入城漂沒廬舍無算爲數十年所僅見

二十八年大稔

【咸豐】臺灣府噶瑪蘭廳志

（清）薩廉修　（清）陳淑均纂　（清）董正官續修　（清）李祺生續纂

清咸豐二年（1852）續修刻本

祥異

嘉慶十四年己巳夏六月颶風作濁水溪正溜北徙與清水溪合流

嘉慶十五年庚午夏六月己亥火（十六夜亥初五圍茅屋二千餘家移時燒盡官民皆露處）丁未風（雷公暴也）濁水溪仍循故道清濁攸分居人以爲瑞

嘉慶十六年辛未秋九月有水爲災（田園沖堤堰決）

嘉慶十七年壬申夏六月有水爲災（田園沖塌）

嘉慶二十年乙亥夏六月地數震（田畝低窪牆屋傾側）

秋八月大水（田園沖壓）

嘉慶二十一年丙子　月地震甚臺多地震蘭初闢尤甚是年官署民房倒塌欹斜亦有地裂見泉一畝田而分高下者

嘉慶二十三年戊寅秋七月丙辰大水田園沖壓

嘉慶二十五年庚辰秋八月庚戌水壬子爲災田園沖壓猶守把領

道光二年壬午秋七月甲申颶風陡起瓦屋皆飛風從北西方陡起猛甚是夜三更廳署堂庫倒壓丁胥三命縣丞巡檢營弁各署牆垣屋宇演武廳并卡等處多所吹損居民竹仔頭等莊壓斃男婦三命加禮遠港口因潮湧水漲淹斃男婦十命并一救童烏石港寄碇商船可修葺者五號撥載小舟沈覆四隻淹二水手署倅吳秉綸捐貲收卹具報案核與淡水嘉彰是日文告情景相同蓋十二日辰時也

道光六年丙戌秋九月甲辰水丙午爲災田圍沖壓諸水災歷來豁免緩徵另詳於前録政內

道光十三年癸巳冬十一月己巳地震日甚越丙戌乃止田宅欹側人畜驚潰禱于社稷壇乃止疏見紀文

道光二十八年戊申秋九月辛巳連日風雨大作山裂水涌自十一日起三日連宵達旦暴雨狂風水涌山裂西勢自金面山頭圍山梗枋六份仔等處計壓斃男婦六十餘人又自北門起至大里簡草嶺頂崙崙嶺等處計壓斃男婦七十餘人又自石山腳至金面山腳石窩坑土地公坑等處計壓斃男婦四十餘人官爲道人收瘞賑邮廬舍田園沖失無數現雖屢次傷勘丈報墾復而石埔溪道園難施力矣

道光三十年庚戌夏六月辛酉風雹初一日未刻西勢大湖庄突起

旋風雨雹打傷土名八十佃隘界四圍稻穀菁菓園蔬等物

咸豐二年壬子六月癸巳四結仔巷失火延燒草瓦房店貳百餘間兵房六十八間

【同治】淡水廳志

（清）陳培桂等纂修

清同治十年（1871）刻本

【同治】光化縣志

清同治十年(一八七一)刻本

淡水廳志卷十四

攷四

祥異攷人瑞　兵燹附

史家志五行以驗禨祥蓋天事實本於人事也今不曰五行者彼推大故此第紀其事地志與史氏大小廣狹之不同故體例亦略異也臺地與內地禨祥有別者地震最多土匪亦數年十數年動煩兵力官斯土者懲前毖後不可不豫計也考祥異

康熙四十有四年冬饑

四十有六年冬饑

四十有九年冬饑

五十年秋九月地震

五十有四年秋九月大風地震

五十有六年冬饑

五十有九年冬十月地大震

六十年春三月大雨如注

雍正三年秋七月大風

八年秋八月地震

乾隆九年冬十二月白沙墩雷擊巨魚死

魚豕首日生頷下口闊腹寬尾如蝦長三丈許黑色牛

聲隱潮而來若隱雷然凡二十二尾排列背流黃水肉

羶難食油可熬燈居民謂海翁魚

十有五年秋八月大風

十有九年夏四月地震

毛少翁社陷爲巨浸

二十有四年秋八月大水

南靖厝莊居民漂没

五十有一年秋星隕

斗大有火光其聲如雷

五十有三年春二月大雨雪饑

斗米千錢

六十年秋七月大水

嘉慶十有五年冬十一月地震

十有八年秋七月艋舺街火

二十年秋九月地大震

傾損民居復小震帀月止

冬十二月雨雪冰堅寸餘

二十有二年冬十二月大星隕關渡

隕聲如雷化爲石墜入地中掘視之形圓質堅而色黑

二十有三年下嵌莊番花叢生白蕎五六枚

二十有五年夏大旱　秋疫

道光元年夏六月大風早禾損

二年秋七月大水

夏四月北投莊桂生蘭

六年秋九月大風雨晚禾損

七年夏六月艋舺溪水濁

月餘復清

十有二年夏大有年

秋八月大風雨大水田園損

人口淹沒

二十有三年秋九月滬尾港水甘
月餘復鹹
二十有六年春二月大水　大有年
二十有八年秋九月水返腳大水
三十年夏六月大水
十二日午刻大雨山頹水溢海漲暴潮淹壞民居多溺
死者
咸豐二年夏大有年
秋八月星孛於西
三年夏屯山鳴三晝夜　六月大風雨內港大水

民居傾沒

夏四月有星自東北入東南

大如掌光如月

五年冬十二月雨雹

六年夏竹實

七年春正月大雪

屯山積數尺

八年夏有巨魚被浪湧白沙墩上居民割數十日始畢

十年夏四月柴竹圍莊雄雞生卵

冬十月地震

日凡三次

同治元年春地大震　二月大甲堡雄雞生卵

夏五月地大震　六月大風　饑

冬十月地震

三年夏五月艋舺街雌雞變雄　饑

五年春地震

夏四月大疫　五月大旱　饑

六年夏四月艋舺街火　六月有年

冬十一月地大震淡北大水桃仔園火

二十三日雞籠頭金包裹沿海山傾地裂海水暴漲屋

宇傾壞溺數百人

七年春正月朔廳治西門外火

九年秋九月竹坑山產靈芝

初四日竹坑山員外郎鄭用錫墓前見白兔尾之得靈芝一朵雙層

人瑞

林貴揚中港堡內灣莊人年一百一歲

林同梘尾莊人籍安溪年一百歲

廖天賜大姑嵌人年一百餘歲

鄧煖大坪頂人年一百餘歲

周忽舊路坑人年一百一歲

葉拱中港街番社人現年一百三歲

陳瑞麟廳治北門外水田街人年一百歲

陳康氏廳治北門街人年一百五歲

江氏新埔莊內山人陳萬成妻年一百三歲

何氏竿榛林莊人張吉妻年一百十歲

林氏滴仔莊人吳講妻年一百餘歲

曾氏廳治北門外水田後街仔蘇啓妻現年一百一歲

徐氏竹北六張犂莊人林象賢妻年一百歲六代同堂

林姜氏竹南燔桃莊人年一百三歲五代同堂

【光緒】苗栗縣志

（清）沈茂蔭纂修

華東師範大學圖書館藏抄本

苗栗縣志卷八

祥異攷　人瑞　兵燹附

史家志五行以驗禨祥地志則第紀其事雖大小廣狹有體例不同而寓勸懲之意無不同也臺地與內地有別者地震最多苗地與臺屬各縣有差者兵燹較少官斯土者懲前毖後烏可不慎審也攷祥異

康熙四十有四年冬饑

四十有六年冬饑

四十有九年冬饑

五十年秋九月地震

五十有四年秋九月大風地震

五十有六年冬饑

五十有九年冬十月地大震

六十年春三月大雨如注

雍正三年秋七月大風

八年秋八月地震

乾隆九年冬十二月白沙墩雷擊巨魚死

豕首目生頷下口闊腹寬尾如蝦長三丈許黑色牛

聲隨潮而來若隱雷然凡二十二尾排列背流黃水向

羶難食油可熬燈居民謂海翁魚

十有五年秋八月大風

十有九年夏四月地震

二十有四年秋八月大水

五十有一年秋星隕

斗大有火光其聲如雷

五十有三年春二月大雨雪饑

斗米千錢

六十年秋七月大水

嘉慶十有五年冬十一月地震

二十年秋九月地震

傾損民居復小震帀月止

冬十二月雨雪冰堅寸餘

二十有五年夏大旱 秋疫

道光元年夏六月大風旱禾損

二年秋七月大水

六年秋九月大風雨晚禾損

十有二年夏大有年

秋八月大風雨大水田園損

人口淹没

二十有六年春二月大水　大有年

三十年夏六月大水

十二日午刻大雨山頹水溢海漲暴潮淹壞民居多溺

死者

咸豐二年夏大有年

秋八月星孛於西

三年夏四月有星自東北入東南

大如掌光如月

五年冬十二月雨雹

六年夏竹實

七年春正月大雪

十年冬十月地震

日凡三次

同治元年春地大震　二月大甲堡雄雞生卵

夏五月地大震　六月大風　饑

冬十月地震

五年春地震

夏四月大疫　五月大旱饑

冬十一月地大震

十三年夏五月彗星見　秋疫

冬十月大有年

光緒六年春正月地大震　二月地震匝月　蚩尤旗星見於東南

、地震自正月二十日迄於二月日十數次民居多倒

塌者人心惶恐不敢夜宿於室

九年夏六月疫　大有年

十年秋七月大風禾損木折多壞民居

十一年秋七月星隕

斗大有火光其聲如雷

十三年冬地震

十四年夏四月大水

二十四日大雨　二十九日大雨山頹田損淹壞民

居多溺死者

十五年夏五月大旱

冬十月大疫

十六年夏四月大水田園損　六月疫

十七年夏四月大水　六月大有年

十八年秋七月大風雨

冬十一月大雪　十二月朔復大雪

十九年夏四月饑　六月大有年

人瑞

李朝勲銅鑼灣澗窩莊人庠生鍾蕚祖年八十七歲五代

同堂子五孫二十有一曾孫四十有四元孫二本光緒十三年舉報事實冊光緒十五年

御准旌表

盧松齡鷄籠莊人年一百三歲

劉科元尖山莊人年一百二歲

徐東貴大田莊人年一百一歲

謝鳳華貓裡人年一百歲

邱纘成例貢生高埔莊人年一百歲

黃福南勢湖人現年一百歲

【乾隆】重修臺灣縣志

（清）魯鼎梅修
（清）王必昌纂

清乾隆十七年（1752）刻本

祥異

國朝順治十八年辛丑夏五月鹿耳門潮水漲丈餘鄭成功乘流入臺事見後兵燹內

康熙十九年庚申夏六月有星孛于西南形如劍長數十丈經月乃隱　冬有年

二十年辛酉疫先是有神降於安平鎮陳永華宅曰天行使者永華與相酬接自此僞鄭主臣凋喪殆盡

二十一年壬戌地大震　秋七月地生毛　九月雨髮

如絲 冬饑斗米值銀六錢餘

二十二年癸亥春鯽魚潭涸 夏五月大雨水田園多沖陷

是月澎湖港有物狀如鱷魚登陸死魚身長四五尺沿沙直上鳴聲嗚嗚居民驚焚楮錢送之下海是夕仍登岸死 六月癸巳午刻澎湖潮水漲四尺王師乘流克澎湖平之 丁酉有大星隕於海聲如雷是日明朱術桂投繯嬪妾從死者五人 秋八月壬子鹿耳門潮水漲是日靖海將軍侯施琅奉旨統舟師入臺蓋天心助順地祇效靈云 冬十有一月雨雪冰臺地氣煖從無霜雪是歲八月甫入版圖冬遂雨雪冰堅寸許地氣自北而南運屬一統故也

二十五年丙寅夏四月甲辰辰刻地震臺地時震罕有終年不震者故不悉書大震則書

二十九年庚午冬大有年蕩平以來頻年豐收是歲尤大稔

三十年辛未秋八月大風民居傾壞船隻漂碎

三十二年癸酉大有年

四十四年乙酉冬饑　詔蠲本年糧米

四十六年丁亥冬饑　詔蠲糧米十分之三

四十八年己丑夏鹿耳門有大魚二獲其一狀似馬脊上有鬃長

三四寸其尾如獅腹下四鬐如四脚浮游水面或曰即海馬也

四十九年庚寅冬饑

五十年辛卯秋九月丁酉戌刻地震

五十一年壬辰奉　恩詔蠲本年應徵粟石先是四十九年奉

上諭直省地丁銀兩通行蠲免部議勻爲兩年五十年先蠲直隸及福建等九省于是內地折色俱蠲而臺灣以無蠲免粟石字樣止免丁銀臺廈道陳璸知府周元文援奉天府蠲免米豆之例申詳巡撫黃秉中奏請奉

旨臺灣府屬五十年應徵粟石已經徵完在官雖蠲免小民無益其應徵五十一年粟石著行蠲免

秋七月臺江有物大如牛至岸死高可五六尺豕面長鬚雙耳竹批牙齒堅

利皮似水牛毛細如獺四足如龜有尾飛行水上舟人競艇之後至海岸竦身直立聲三號聞者震慄既死邑人圖形相告竟莫知爲何物

五十三年甲午夏大井頭街火延燒店鋪數百間

秋大旱　詔蠲粟米十分之三

五十四年乙未秋九月大風地震

五十六年丁酉冬饑　詔蠲本年錢糧十分之三

五十九年庚子冬十月甲午朔地大震十二月庚子又震凡震十餘日日震數次房屋傾倒壓死居民

六十年辛丑春刺桐不花說見叢談大雨水自三月已丑雨如注至六月丙申始霽山崩川溢田園沙壓邑西南有物如大牛冒雨犇騰自瀨口入水至三鯤身登岸繞安平鎮城由大港入於海

夏六月丙午鹿耳門潮水漲八尺是日王師進港克復臺灣事見兵燹內

秋八月辛未夜大風天盡赤發屋壞垣官哨商漁船隻盡碎兵民溺死甚多　冬十二月　詔蠲本年粟米

雍正三年乙巳秋七月大風

六年戊申東安坊民魏連妻陳氏一產四男

七年己酉秋七月癸亥大風閏七月乙未又大風壞商哨船隻兵民有溺死者

八年庚戌秋七月丙午地震

乾隆三年戊午秋旱田園無收者七千六百餘甲豁免正供粟二萬一千五百石零被災官莊豁銀有差

十年乙丑秋八月己卯澎湖風災賑銀六百兩

十一年丙寅春　恩詔蠲免本年額徵粟石十年九月二十日奉

上諭閩省丙寅年地丁錢糧已全行蠲免惟是臺灣府屬一廳四縣地畝額糧向不編徵銀兩歷係徵收粟穀今

内地各郡既通行蠲免而臺屬地畝因其編徵本色不得一體邀免非朕普遍加恩之意著將臺灣府屬一廳四縣丙寅年額徵共粟一十六萬餘石全數蠲免

十四年已巳七月戊申大雨水冲陷保大東西二里田園計八十四甲零

十五年庚午秋七月庚戌大雨水冲陷永康武定廣儲西新化新豐仁德北崇德等里田園計一百四十三甲零

八月己卯颶風大作連日壞民廬舍臺廈商船擊碎百餘艘庚辰丑刻本府知府方邦基舟溺于南日福清縣界時颶

請實授奉　旨送部引　見七月戊辰登舟八月乙亥自鹿耳門放洋越已卯遭風漂流一晝夜至南日地方衝礁舟碎隨從二十一人獲生者僅四人

十六年辛未春正月己酉大風領餉北路左營守備蘊進德在洋漂没

十七年壬申夏六月庚戌丑刻地震不爲災

【嘉慶】續修臺灣縣志

(清)薛志亮修　(清)謝金鑾、鄭兼才纂

清嘉慶十二年(1807)刻本

祥異

康熙二十二年癸亥夏六月癸巳澎湖湖水漲四尺　王師乘流伐澎湖克之　丁酉有大星隕於海聲如雷是日明朱術桂自經嬪妾從死者五人　秋八月壬子鹿耳門潮水漲　王師入臺灣　冬十有一月雨雪冰臺地氣煖從無霜雪是歲八月南入版圖冬遂雨雪冰堅寸許地氣自北而南運屬一統故也

二十五年丙寅夏四月甲辰地震臺地時震罕有終年不震者故不悉書大震則書

二十九年庚午冬大有年蕩平以來頻年豐收是歲尤大稔

三十年辛未秋八月大風壞民居海舟多碎

三十二年癸酉大有年

四十四年乙酉冬饑 詔蠲本年糧米

四十六年丁亥冬饑 詔蠲糧米十分之三

四十八年己丑夏鹿耳門有大魚二獲其一狀似馬脊上有鬃長三四寸其尾如獅腹下四鬐如四脚浮游水面或曰即海馬也

四十九年庚寅冬饑

五十年辛卯秋九月丁酉地震

五十一年壬辰 詔蠲本年應徵粟石 秋七月臺江有

物大如牛至岸死高可五六尺豕面長鬚雙耳竹批牙齒堅利皮似水牛毛細如獺四足如龜有尾飛行水上舟人競挺之後至海岸跳身直立聲三號聞者震慄既死邑人圖形相告竟莫知何物

五十三年甲午夏大井頭街火延燒店鋪數百間秋大旱詔蠲粟米十分之三

五十四年乙未秋九月大風地震

五十六年丁酉冬饑詔蠲本年錢糧十分之三

五十九年庚子冬十月甲午朔地大震十二月庚子又震凡震十餘日日震數次房屋傾倒居民多壓死

六十年辛丑春刺桐不花說見叢談大雨水自三月己丑雨如注至六月丙申始霽山崩川溢田園沙壓邑西南有物如大牛冒雨奔騰自瀨口入水至三鯤身登岸繞安平鎮城由大港入於海夏六月丙午鹿耳門潮水漲八尺是日王師進港克復臺灣事見兵燹秋八月辛未夜大風天盡赤發屋壞垣官哨商漁船隻盡碎兵民多溺死　冬十二月　詔蠲本年粟米

雍正三年乙巳秋七月大風

六年戊申東安坊民魏連妻陳氏一產四男

七年己酉秋七月癸亥大風閏七月乙未又大風壞商哨

船兵民有溺死者

八年庚戌秋七月丙午地震

乾隆三年戊午秋旱田園無收者七千六百餘甲豁免正供粟二萬一千五百石零被災官莊豁銀有差

十年乙丑秋八月己卯澎湖風災賑銀六百兩

十一年丙寅詔蠲免本年額徵粟石

十四年己巳七月戊申大雨水冲陷保大東西二里田園計八十四甲零

十五年庚午秋七月庚戌大雨水冲陷永康武定廣儲西

新化新豐仁德北崇德等里田園計一百四十三甲零八月已卯颶風大作連日壞民舍擊碎商船百餘艘庚辰本府知府方邦基舟溺於南日福清縣界時題請賞授奉旨送部引見七月戊辰登舟八月乙亥自鹿耳門放洋越已卯遭風漂流一夜至南日衝礁舟碎隨從二十一人獲生者僅四人

十六年辛未春正月已酉大風領餉北路守備蘇進德沒于海

十七年壬申夏六月庚戌地震

三十六年辛卯詔蠲全年地丁租稅

三十九年甲午春三月己巳地大震

四十五年庚子詔蠲全年租稅

四十九年甲辰秋八月丁未夜大風雨壞民舍拆石坊大木拔起海舶登陸碎

五十一年丙午冬十有一月三星夜墜大如斗其聲如雷一星墜於南一星墜於西一星墜澎湖海中大石上石裂

五十二年丁未夏四月丙寅西定坊火燬民居二百餘舍詔蠲本年地丁租稅

五十三年戊申　詔免本年正供及地丁銀
五十六年辛亥　詔蠲正供粟分三年輪免
五十七年壬子夏六月丁亥地大震
六十年乙卯秋七月戊子地大震己丑復大震
嘉慶元年丙辰　詔蠲正供粟全臺作三年輪免
二年丁巳　詔蠲本年正供租稅
九年甲子秋七月癸未暴雨竟日西定鎮北二坊高地水深四五尺洿地水深七八尺衝壞民居無數夜迅雷擊倒西城垣三四丈

十一年丙寅 詔蠲本年地丁銀正供緩徵

【道光】彰化縣志

（清）李廷璧修 （清）周璽纂

清道光十四年（1834）刻本

菑祥

雍正三年秋七月大風

八年秋八月十日地震

十三年冬十二月十七日丑時地大震

乾隆三年夏六月大水

五年夏六月二十四日大風雨四日

九年冬十二月白沙墩淡屬雷擊死巨魚二十二尾于沙上巨魚頭似豕魚身蝦尾頭長丈餘目生頷下口濶四尺腹寬二丈尾寬七尺約長三丈有奇身黑色聲如牛來時隱隱闇雷聲隨潮擱淺如排列狀背上各有一孔黃水流出其肉腥羶不堪

油可爇燈居民以爲海翁魚云或曰龍涎香即此魚口角所流之涎結成

十三年夏六月大雨水

十四年秋七月大雨水

十五年秋七月大雨水

八月大風壞民舍無算

十七年夏六月地震

秋七月大風挾火而行被處草木皆焦俗呼火颱或決颱

颶

十八年夏五月大雨水

秋八月大風損傷禾稼

十九年秋九月大風雨

冬十月大風

二十三年秋七月大旱

冬十月大風三晝夜

二十七年冬十月大有年

三十三年夏六月大雨水

三十七年秋七月大雨水

三十九年春三月己巳地大震

四十九年秋八月丁未夜大風雨拔大木壞民舍海船登陸碎

五十一年夏四月柴坑仔莊有妖鳥棲於樹二十餘日乃去不知所在（妖鳥大如鶯身五色集處百鳥環繞啣物哺之飛集他樹百鳥亦隨而環繞之若士卒之衛帥然是冬十一月林爽文作亂）

冬十有一月三星夜墜大如斗其聲如雷一星墜於南一星墜於西一星墜於澎湖海中大石上石裂

五十二年秋八月霪雨連旬平地水深三尺

五十三年春二月大雨水

五十四年春三月旱夏四月大旱至五月十日始一

五十七年夏六月丁亥地大震

五十九年冬十月大風

六十年春三月夜有星墜於海是月陳周全作亂

冬七月戊子地大震巳丑復大震

嘉慶元年秋九月大風

六年夏六月大風

九年秋七月大雨水

十一年春二月地震

冬十月地大震

十四年春三月地大震

十六年夏四月旱

秋八月慧星見於西北

二十年冬十月大風損禾稼

二十一年冬十二月有冰

二十五年夏五月大旱

道光元年夏五月大雨水

秋七月大雨水

六年秋八月大風

七年秋八月望夜水沙連內潭湧起小山四座

八年秋九月大風壞民舍

十一年夏四月旱

十二年秋八月大風海水大漲海舟登陸二十日巳午雨時海水驟漲丈餘近海民舍多被淹倒田園亦被浸鹹二十二日夜隕星西南有聲如雷

冬十月地震

(清)倪贊元纂

雲林縣采訪冊

一九六八年《臺灣叢書》點校本

災祥（天災流行、歲所時有，第代遠難稽，惟就見聞之大者，著錄於册。）

旱澇

咸豐初年，大旱，早稻失收。

咸豐三年，大雨，觸口溪水漲，沙壓萬亢六田園，併冲壞水鏡頭莊。

光緒五年十二月十五日，大雨雹。

光緒六年六月初三日，大雨雪，十月初二飛星入月。

光緒十四年，大旱，五穀騰貴。

光緒十五年五月，大雨連日，田園多浸。

光緒十六年七月，大雨水。

光緒十七年，大雨，冲壞村莊埤圳。

光緒十八、十九兩年，湳、濁二溪皆漲，附近村屋內水深數尺。

暴風

咸豐三年六、七月間，暴風逾月。

同治四年九月二十八日，暴風壞民房。

光緒六年八月二十二日，颱風大作，三日始止，壞民廬舍甚多。

光緒十八、十九兩年，皆暴風。

山崩

光道二十年，茅埔坪山崩。

咸豐十一年，大尖山崩。後戴萬生反。

光緒十四年，大尖山崩。施九緞是年煽亂。

川竭（無）

地震

道光初年，地大震。未幾，張丙反。

道光二十年十月，地震山崩，民房倒壞。

道光二十八年，地震；適重修受天宮，匠人多從屋上墜下。

同治元年，地時震。是年戴萬生反。

光緒七年，地大震。後數年，法寇犯臺，境內安堵無害。

【康熙】諸羅縣志

（清）周鍾瑄修　（清）陳夢林、李欽文纂

清康熙五十六年（1717）刻本

諸羅縣志卷之十二

雜記志　　番俗　寺廟　古蹟　外紀

雜記以補闕備志所謂志其大不遺乎小也茲邑初建際有道之世天子以豐年爲瑞賢才爲寶番沴不生干戈不用盡可紀者鮮矣琳宮寶刹斷碣荒坵足以供遊賞而發憑弔者能幾何哉乃若見聞所及諸卷紀載所未盡要足爲後人徵信之資用寄諷諭之義則

地理物類險易菀枯閭閻細故父老閒談皆有取焉附采諸編末合為一卷

菑祥 芒荷附

順治十八年辛丑夏五月海水漲於鹿耳門 先是鹿耳門港甚窄環以沙線是歲鄭成功入臺鹿耳門水驟漲丈餘遂克臺灣諸羅皆屬焉詳見建置

康熙十九年庚申夏六月有星孛於西南其形如劍長數十丈經月乃隱

冬大有

二十一年壬戌大饑斗米值銀六錢餘

秋七月地產毛

九月雨髮

二十二年癸亥夏五月大雨水時淫雨連月鄭氏土田多沖陷有高岸爲谷之嘆

六月丁酉有大星隕於海其聲如雷

秋八月

大師入臺北路皆剃髮歸順

冬十一月始雨雪冰堅厚寸餘諸羅有霜無雪是歲甫入版圖地氣自北而南漸有徵矣

二十五年丙寅夏四月甲辰地大震民居多頽壞者

二十九年庚午冬大有年自蕩平之後年穀時熟是歲尤爲大稔

三十年辛未秋八月大風頽屋飄船無數

三十二年癸酉冬大有年時內地歉收商人採糴福興泉漳四郡資焉

四十四年乙酉冬大饑知縣毛殿颺知府衛台揆逕

詳巡撫李斯義委勘具題奉

旨四十四年應徵粟石俱着蠲免

四十六年丁亥冬饑知縣李鏞知府周元文通詳巡撫張伯行委勘具題奉

旨照例蠲免十分之三

四十九年庚寅冬饑自四十七年至是年臺屬屢荒米價高騰每年值青黃未接知府周元文出倉粟就媽祖宮府學兩處平糶新善開安四里之民賚焉海防同知洪一棟招集商販凡載米入港者皆籍其名厚爲賞賚以故米船雲集饑而不害○一棟楚之應山人在臺九年多惠政五十六年卒于官卒之日所屬士民罷市縞素巷哭如其私親爲作佛事於各寺院神祠梵聲徹

四境既而醵千金爲購以歸其喪
故老以爲自開臺以來所未有也

五十年辛卯

恩詔蠲免本年應徵人丁銀兩詳見下五十一年

秋九月乙酉地大震壞民居倉廒甚多是日內地漳泉各府俱震

五十一年壬辰

恩詔蠲免本年應徵粟石

先是四十九年奉
上諭通行蠲免直省地丁銀兩部議恐兵餉不敷奉
旨分爲兩年康熙五十年直隸奉天浙江福建廣東
廣西四川雲南貴州九省先行蠲免于是福建等

地折色俱蠲臺灣鳳山諸羅三縣並免丁銀三縣
士民公籲臺廈道陳瑸知府周元文詳照奉天府
丑廖騰煃題請蠲免米豆之例臺屬三縣本年
應徵粟石一例蠲免巡撫黃秉中具摺奏請奉
旨臺灣府屬五十年應徵粟石已經徵完在官雖蠲
免小民無益其應徵五十一年粟石着行蠲免。
按臺灣開徵在十月收成之後與內地不同此舉
文牒往返因海洋之隔動稽時月比積實具摺
奏請已八月矣中丞幕僚以
上諭並無蠲免糧石字樣又時已踰秋恐干駁察皆
堅阻之中丞毅然曰臺灣孤在撫屬內遠撫司全閩
民命寧可畏踰時駁察而緘默不言且臺本色即
內地折色也粟尚未開徵
皇上聖明奏必免脫以此罷官不猶愈他事詿誤乎
竟以摺請部議以不行早奏巡撫降三級調用奉
旨從寬降級留任仰見

聖天子恫瘝斯民無微不到而陳觀察周郡守一詳再詳黃中丞寧受處分不撓衆論使臺民得沐

皇仁其功俱不可忘也

論曰五十年五十一年蠲免二條不繫于蔣祥也

何以書紀

皇仁也日月同照雨露均沾假令芝草醴泉何益百姓今兩歲之間吏無追呼民無敲朴其爲禎祥也大矣故連類而次於四十四年四十六年之後云

五十四年乙未秋九月丁未地震大風學宮頹壞民居倒塌甚多

五十五年丙申夏五月戊辰火守備署燬燼無餘叅將署大堂儀門皆災焉

秋九月乙亥地震丁丑大雷震屋瓦皆鳴

五十六年丁酉春正月丙子地震

（清）王瑛曾纂修

【乾隆】重修鳳山縣志

一九六八年《臺灣叢書》點校本

災祥（兵燹附）

順治十八年辛丑夏五月，鹿耳門水漲丈餘。

先是，鹿耳門港道淺窄，內多沙線，巨艘不得進。是歲鄭成功師至，水驟漲至丈餘，大小戰艦並進，遂據臺灣；鳳山屬焉。

康熙十九年庚申夏六月，有星孛於西南，其形如劍，長數十丈；經月乃沒。是冬，大稔。

二十年辛酉，疫。

二十一年壬戌秋七月地產毛。八月，岡山鳴。九月，雨髮。是歲大饑（斗米價六錢餘）。

二十二年癸亥夏六月，有大星隕於海，聲如雷。秋八月，鹿耳門水漲；大師入臺，鄭克塽降，闔郡皆薙髮歸順。

二十四年乙丑冬，有年。

二十五年丙寅夏四月，地大震。

二十七年戊辰冬，有年。

二十九年庚午冬，大有年（自蕩平後，年穀荐熟，幾不勝書；是歲尤大稔）。

三十年辛未秋八月，大風壞民居（船隻漂損無數）。

三十二年癸酉冬，大有年。

四十四年乙酉冬，饑；詔蠲免本年糧米。

四十六年丁亥冬，饑；詔蠲免本年糧米十分之三。

四十九年庚寅冬，饑。

五十年辛卯秋九月乙酉，地震（民居倉廒傾圮甚多）。是歲，詔蠲免本年應徵人丁銀兩（詳見下五十一年）。

五十一年壬辰，詔蠲免本年應徵粟石。

先是，四十九年奉上諭通行蠲免直省地丁銀兩部議恐兵餉不敷，奉旨勻爲兩年。康熙五十年直隸、奉天、浙江、福建、廣東、廣西、四川、雲南、貴州、九省先行蠲免；於是福建內地折色俱蠲，臺灣、鳳山、諸羅三縣止免丁銀。三縣士民公籲臺廈道陳璸、知府周元文詳照奉天府尹廖騰煃題請蠲免米豆之例，臺屬三縣本年應徵粟石一例蠲免。巡撫黃秉中具摺奏請，奉旨：臺灣府屬五十年應徵粟石已經徵完在官，雖蠲免，小民無益，其應徵五十一年粟石，著行蠲免（按臺灣開徵在十月收成之後，與內地不同。此奉文牒往返，因海洋之隔，動稽時月；比俟實具摺奏請，已八月矣。中丞幕僚以上諭並「蠲免糧石」字樣，文時已踰秋，恐干駁察，皆堅阻之。中丞毅然曰：「臺灣在撫屬內，巡撫司全閩民命，寧可畏踰時駁察而緘默不言。且臺本色，卽內地折色也；粟尚未開徵。皇上聖明，奏必免；脫以此罷官，不猶愈他事詿誤乎」？竟以摺請。部議以不行早奏巡撫降三級調用；奉旨從寬降級留任。仰見聖天子痌瘝斯民，無微不至。而陳觀察周郡守一詳再詳，黃中丞寧受處分，不徇衆論，使臺民得沐皇仁，其功俱不可忘也）。

論曰：五十年、五十一年蠲免二條不繫於災祥，其何以書紀皇仁也。日月同照、雨暘均沾，假令芝草醴泉，何益百姓？今兩歲之間，吏無追呼、民無敲朴，其爲禎祥也大矣。故連類而次於四十四年、四十六年之後。

五十三年甲午秋，大旱；詔蠲免臺灣、鳳山粟米十分之三。

五十四年乙未秋九月，地震、大風。

五十五年丙申秋九月，地震（屋瓦皆鳴）。

五十六年丁酉春正月，地震。秋九月，大風；學宮頹壞，民居傾圮甚多。冬，饑；詔蠲免本年糧米十分之三。

五十九年庚子冬十月甲午朔，地大震。十二月庚子，又震（凡震十餘日，日震數次）。房屋傾倒，壓死居民。

六十年辛丑春三月，大雨水。

自三月己丑雨如注，至六月丙申始霽；山崩川溢，田園沖壓。邑西北有物大如牛，冒雨奔馳；自潮口入水，至三鯤身登岸，繞安平鎭城，由大港入海；耆兆鴨母之亂云。

夏四月己酉，南路賊翁飛虎等倡亂岡山。丁巳，敗官軍，守備馬定國、千總陳元、把總林富死之；遂進逼府治。五月辛酉朔，總兵歐陽凱、水師副將許雲、遊擊游崇功等戰歿；府治陷。甲子，賊推朱一貴為首，據府僭號。庚午，總督覺羅滿保自福州馳駐廈門，檄水師提督施世驃進剿，以南澳總兵藍廷珍統偏師佐之。六月辛丑，官兵集澎湖；丙午，入鹿耳門，遂復安平鎮。壬子，復府治；賊眾逃散。閏月丁卯獲一貴、飛虎等，械送京師磔之；餘黨各正法。

先是，五十九年狂民高永壽冒首傀儡山後朱一貴聚衆謀逆，鞫之無實，杖逐回籍。是冬天寒地震，民多失業，追呼遝迫，郡邑謠言亂兆。

本年二月二十三日，總督覺羅滿保摺奏知府王珍居官辦事任性不妥，請旨以汀州府知□高鐸調補，未至。三月間，南路賊匪吳外、翁飛虎等十六人，在檳榔林因唱戲，遂結拜；粵匪杜君英、陳福壽主之，詭稱一貴在其家。遠近喧傳，盟黨響應。王珍攝鳳山縣篆，遣其次男同役往緝；虎將鋸板探捕之人需索株連，各予重杖，吳外以他事被勾逃入羅漢門內山。飛虎方負債為勢家所逼，乘機鼓煽，糾夥八十餘人。四月十九日，揑一貴名豎旗岡山，搶汛塘軍器。傍午，入莊派飯，遇南路營把總常兵遊巡，大呼逐之；兵盡遁。報至府總兵歐陽凱遣右營遊擊周應龍常兵四百名，於二十一日往捕。時承平日久，臺兵抽撥者多係市井亡賴，冒名頂替；倉皇調集，股栗不前。是夜風雨，將旗吹折。又調新港、目加溜灣、蕭壠、麻豆四社土番挑運軍裝，沿途搶掠，蔔二濫殺良民四人，淫漢婦、燒民舍、復斃八人。於是各里社紛紛會立僞旗，官軍頓楠仔坑數日，陰雨，多怨咨。賊冶新港番衆入府，沿街擄奪，縣官隨役逃散，不能禁，陰聽百姓毆殺之。二十五日，岡山賊遁過淡水溪。二十六日，官軍進屯赤山；杜君英糾粵衆二千與岡山賊合，遂掠新園，渡[illegible]頭。二十五日與官軍戰於赤山；南路營把總林富、鎮標右營千總陳元、領旗王奇生等爲前隊，俱陷沒。應龍率肩輿督兵發礮，賊伏地無一傷者；驟薄官軍，莫能抵敵，又因泥事，遂殲焉。賊遂進攻。南路營，參將苗景龍、守備馬定國率兵戰於龜山巔，兵少不敵，遂敗。定國自刎死；龍遁入丹漁寮，賊執殺之。南路陷，應龍夜奔五十里；四鼓，抵帥府。是日，遊擊劉得紫率兵應援南路，遇敗竟還、賊大集匪黨萬餘，擁府。二十八日，總兵歐陽凱出駐春牛埔，文武各紛紛搬眷登舟。王珍爲死守計，同知王禮入告曰：「道憲已登舟矣。」於是亦促裝相與登舟。鎮軍乏食，民有擔糜往餉者。晦日，賊抵府，鎮軍與戰；水師副將許雲自安平率其子方度、家丁吳國珍，千總趙奇奉、林文煌、把總李茂吉等入援。斬殺頗多，賊退卻。遊擊游崇功自笨港率調至，與雲同駐南教場拒賊，五月朔黎明，府治內應，焚府庫；賊衆蜂起蝟集，凱、雲、崇功俱戰死，諸偏裨或死或執（事詳本傳中。餘或遇賊而遁或因敗而逃，凡三十餘員；不具錄）。是日，北路亦陷，守將羅萬倉死之；其妻蔣氏自縊以殉。惟故水營都司陳策以阻遠，孤軍自守，應龍逃回泉州，臺協中營把總李碩赤山被傷，奔府復奔舟。道標守備王國祥在鎮軍前，賊衝之，奔道標。千總許自重在南教場戰敗，走入萬守備舟。水師中營遊擊張彥賢、守備凌進、右營守備萬奏成、右營遊擊王鼎、守備楊進、千總朱明各駕哨船，見賊陷府，揚帆去。中營千總劉清帶兵三十名伏路匿身，右營把總鄭耀自打鼓港調回協同劉清；見彥賢等去，相率隨之。左營把總陳福、右營把總尹成皆血疾，家丁扶入舟臥艙以逃。中營把總牛龍分防蚊港率調初二日船抵鹿耳門，見府已陷，遂赴澎湖。左營把總陳奇通從笨港率調，帶兵船二隻；初三日到鹿耳門，亦收歸澎湖。臺廈道副使梁文煊、知府攝鳳山縣事王珍、同知王禮、知縣吳觀域、縣丞馮廸、典史王定國、諸羅縣知縣朱夔、典史張青遠各挾印信，於初二、初三等日齊抵澎湖。郡邑商民，避難絡繹海上，風恬浪靜，輕舠小艇飛渡重洋，臺航斷絕。

飛虎等議：據府難於統攝。有朱祖者，長泰人，無眷屬，飼鴨鳳山大武汀；鴨甚蕃，賊夥往來咸款焉；乃以祖冒名一貴。初四日，自鳳山逆居道署，越日詭言洲仔尾海中浮出玉帶七星旗，鼓吹往迎，以為造逆之符，僭號「永和」；蓋慮賊黨之自併也。十一日祭天謁聖，歲貢林中桂等為之贊禮；各穿戴戲場衣帽，騎牛，或紅綠色綢裹頭，桌圍被體，多跣足不綁拜跪。是日，遠近孩童數百觀衆喧笑，忘乎其賊也。然行令頗嚴，掠民財物者，聞輒殺之；或民自擒殺，賊黨莫敢護。有粵賊先年聘女年治，女嫌其貌醜，不許，及是，乃夜持刃挾淫之。其母以告一貴，令捕殺於水仔尾。粵黨以入府無所獲，且亂自粵莊始，而一貴非粵產，因有異謀；飛虎等大殺之，赤嵌樓下血盈渠。杜君英乃遁往北路，嘯衆劇掠，戕殺閩人；南路粵民李直三等亦糾粵莊豎旗，賊黨遂成水火。

總督覺羅滿保聞變，飛章入奏；檄調南澳鎮總兵藍廷珍暨各標營遊擊、守備等員，領官兵從水路齊赴廈門聽令，不使沿途騷擾。初十日，輕騎減從，由省起程。十一日，水師提督施世驃親統本標遊擊帶兵登舟出海。十四日，總督稅抵廈，慰安居民；僱募船隻，招納鄉勇，調遣將士。將梁文煊、王珍、王禮摘印看守，王珍於看守後病故，繫其子跟究錢糧、倉庫經手；其文職吳觀域等五員，武職周應龍、張彥賢等十六員，俱押赴軍前衝鋒効力。十六日，提督舟抵澎湖，操練小艇，為攏岸之用。臺灣淫雨連月，賊人坐困。總督密募商船入臺偵探，多載魚鮝；賊喜得鮝，酬以米粟。又令漁船託言遭風漂泊，使壯士附船，用竹筒貯告示蠟封之，繫腰間，至港輒從海底潛行登岸，入府遍掛；諭村莊市鎮，有建「大清」旗號者，即為順民；諸邑人等有寫「大清」二字貼縫衣帽者，即免誅戮。由是各里社轉相告語，以候王師。六月初九至十一日，各路官兵俱集澎湖，凡萬七千人、將領八十餘、船六百餘艘。十三日提督統大軍放洋，總督在廈傳令諸將從寀港、打鼓港、鹿耳門三道並進，以分賊勢；又密授錦囊各一，約澎湖放洋，啓視，則乃令齊攻鹿耳門也。十六日黎明，王師蔽海而至，壯士洪就、王速跳海尋港插標。澎協右營守備林亮、臺協右營千總董方偏船入港。潮水驟漲八尺，諸船並進，巨礮轟天；守口賊目鄭廷瑞等奔向府治。午刻抵安平鎮，居民拈香跪接，壺漿歡迎；遂登城。艨艟泊臺江，賊從海岸發巨礮，炸而自傷，十七日，提督樓船進安平港。巳刻，賊千餘人涉喜樹仔至四鯤身將犯安平；官軍發礮，賊仍故智，伏礮沙中，礮彈入沙，屍前飛越，亟遁歸。十九日，辰刻，負載車輪直犯鎮城，男婦齊出堵禦，官軍奮勇殺賊百餘；復遁歸。

自五月中賊黨暨分，閩、粵屢相併殺；閩恒散處、粵悉萃居，勢常不敵。南路賴君奏等所糾大莊十三、小莊六十四，並稱客莊，肆毒閩人；而永定、武平、上杭各縣人復與粵合，諸漳、泉人多舉家被殺、被辱者。六月十三日，漳、泉糾黨數千，陸續分渡淡水，抵新園、小赤山、萬丹、濫濫等莊，圖滅客莊；王師已入安平，尚不知也。連日互鬬，各有勝負。十九日，客莊齊豎「大清」旗，漳、泉賊黨不鬬自潰，壘遭截殺；群奔至淡水溪，溪闊水深，溺死無算，積屍壅港。後至者踐屍以渡，生還者數百人而已。然府治賊猶每日列陣海岸，南自鹽埕、北至洲仔尾凡十餘里，如堵如林。

二十一日，總兵藍廷珍、守備林亮等分兵從灣港西港仔登岸，暗渡竿寮；遇賊於蘇厝甲，敗之。二十二日，復敗之於本櫓子萬溪松。是日，水師前營守備林秀等由七鯤身瀨口入，遊擊朱文、謝希賢等由塗墼埕新街尾入，賊徒奔潰。巳刻，各路官軍並會府治。二十三日，提督行視郡中，宣布威惠，提督駐北教場，總兵駐萬壽亭。二十三日遣參將王萬化、林政等平南路。賊自府敗，各逃散；擒獲顏子京、鄭瑞等，梟示。入境安撫百姓，南路平。二十七日，遣林秀等往北路勦捕。二十八日遇賊大目降莊截殺之。一貴等走灣裏溪下，遁下加冬；絕食，復遁月眉潭，賊徒尚數百。閏月初二日，再遣遊擊朱文略北路。先是，提督自澎遣遊擊張駿帶兵五百名，總督自廈、巡撫自省、共調兵千三百名，援應北路，淡水營兵下爲夾攻；於是都司陳策兼程而下，尚未抵府，官軍已克郡城，隨飭朱文等相機勦撫。

初七日，奉到六月初三上諭，臺灣衆民：『據督臣滿保等所奏，臺灣百姓似有變動，滿保於五月初十領兵起程。朕思爾等俱係內地之民，非賊寇比。或爲饑寒所迫、或爲不肖官員尅剝，遂致一、二匪倡誘，衆人殺害，情知罪不能免，乃妄行強拒。其實，與衆何涉。今若據行徵勦，朕心大有不忍，故諭總督滿保令其暫停進兵。爾等若卽就撫，自諒原爾罪；若執迷不悟，則遣大兵圍勦，俱成灰燼矣。臺灣只一海島，四面貨物俱不能到；本地所產，不敷所用，祇賴閩省錢糧養生。前海賊佔據六十餘年猶且勦服，不遺餘孽；今匪類數人，又何能爲！諭旨到時，卽將困迫情由訴明，改惡歸正，仍皆朕之赤子。朕思此事非爾等願，必有不得已苦情；與其坐以待斃，不如苟且偷生，因而肆行擄掠。原其致此之罪，俱由不肖官員。爾等係朕歷年教養良民，朕不忍勦滅，故暫停進兵。若總督提兵統領大兵圍勦，爾等安能支持？此旨一到，諒必就撫；不得執迷不悟，妄自取死！特諭』。初八日，闔郡招撫，安堵如故。而一貴、飛虎等爲官軍所迫，竄入緒羅溝尾莊民楊旭家。旭與弟雄謀醉之以酒，擒獻軍門。吳外等亦漸次擒獲，杜君英等各就撫；俱被送京師正法。

秋八月，大風，壞民居，損禾稼。冬十二月，詔蠲免臺屬本年銀米。

六十一年壬寅夏，赤山裂（長八丈、濶四丈，湧出黑泥。至次日，夜出火，光高丈餘）。

雍正元年癸卯夏四月，千總何勉獲逸賊王忠，伏誅。

辛丑之變，群賊俱已伏誅；惟王忠潛匿，年餘未逸。總督覺羅滿保以中營千總何勉竭力用命，專委搜緝；勉遍歷村莊，訪知踪跡，謀其親信人使爲內應。四月十四日夜，擒忠於縣治，解省正法。事聞，授何勉福州城右軍守備，仍從優議敍。

詔賜老人粟、帛。

二年甲辰，詔賜老婦粟、帛。

三年乙巳秋七月，大風。

五年丁未，詔旌縣港東、西里民粟米有差（港東、西里賞穀一千三百石，安平鎮賞穀四百石）。

六年戊申秋七月，大風。閏七月又風；壞船隻，兵民溺死無算（「臺灣縣志」載在七年）。

冬十二月，山猪毛生番戕殺漢民二十二人。

七年己酉春二月，總督高其倬檄臺灣道孫國璽、臺灣鎮總兵王郡討平山猪毛。

鳳傀生番性嗜殺人；取其頭，以多者爲雄。諸社皆然，而山猪毛爲最。雍正六年冬十二月二十四日，殺漢民二十二人。次年春二月，總督高其倬檄臺道孫國璽、臺鎮王郡調遊擊靳光瀚、同知劉浴帶兵攻山猪毛社；調諸羅縣知縣劉良璧堵後山，撥內優社番擊八里斗難截殺之。又檄北路參將何勉入南仔仙山，會同抵邦尉山下，相機擒剿：山豬毛平。

八年庚戌秋七月丙午，地震（「府志」載八月）。

十年壬子春三月，流匪吳福生倡亂，焚岡山營舊社汛，守備張玉戰死；總兵王郡率兵擒吳福生等，誅之。

南路流棍吳福生，乘北路番變未靖，與南大概等謀搶陴頭。事覺，臺鎮王郡遣遊擊李榮引兵應援。福生等於三月二十八日夜焚岡山營，二十九日復焚舊社汛塘；虎頭山、赤山各處悉樹賊旗。四月初二日夜，賊衆攻陴頭，守備張玉、把總黃陞守之。初三日夜，焚萬巡檢署。時鎮標軍多撥北征，府治兵少。臺鎮王郡探知陴頭賊熾，遂決策南下；初四日，留中營遊擊黃貴等守府治，自率兵夜發。初五日晨刻，直赶陴頭，即與參將侯元勳、守備張玉、林如錦等三路夾攻，賊併衆拒；官軍火礮齊發，傷殺甚多。賊却復集，自辰向未，戰數合，賊大潰，各奔竄潛匿；我俘獲蕭田等八人而還，守備張玉、外委千總徐學聖、鄭光弘戰死。初六日，班師回府，斬所獲賊俘蕭田、蕭爽、蕭韶、李三、許舉、李成等於營門，懸首示衆。越數日，福生、大概等三十餘賊俱擒獲，解省伏誅；南路平。

十三年乙卯夏五月，蛇山崩，石隕；聲聞數里（時有黑氣蔽峯頭，久乃散）。秋七月，大水泛溢，半屏山石隕。冬十二月，地震。是歲，詔蠲民欠。

乾隆元年丙辰，詔賜老人粟米（共六百餘石）。

三年戊午秋，旱；詔蠲銀、粟有差（蠲正供粟一萬四千四百餘石，官莊同。臺灣縣共蠲銀九百六十餘兩）。

六年辛酉，詔蠲未完民粟（共計四千一百七十石）。

八年癸亥秋，旱；詔賑災蠲本年供粟有差（計共蠲粟七千八百九十餘石）。

十一年丙寅，奉恩詔蠲免本年額徵供粟。

先是，十年九月二十日奉上諭：『閩省丙寅年地丁、錢糧，已全行蠲免。惟是臺灣府屬一廳、四縣地畝額糧向不編徵銀兩，歷係徵收粟穀；今內地各郡既通行蠲免，而臺屬地畝因其編徵本色，不得一體邀免，非朕普遍加恩之意　著將臺灣府屬一廳、四縣丙寅年額徵供粟一十六萬餘石，全數蠲免。

十二年丁卯，秋，旱；詔賑災，蠲本年供粟有差（計共蠲粟七千八百九十石）。

十五年庚午，有年。

十八年癸酉秋，大風災；詔賑貧民，蠲供粟六千三百九十六石。

十九年甲戌，晚禾歉收；詔給老人粟米。

二十年乙亥，大有年。

二十三年戊寅秋，旱；詔賑災，蠲本年額徵供粟（計共一萬三千九百一十九石）。

二十四年己卯，大有年。

二十五年庚辰，有年。

二十八年癸未，詔給老人粟米。

（清）胡傳纂

臺東州采訪冊

一九六八年《臺灣叢書》點校本

災祥

光緒十九年七月十三日巳刻，地震。

八月初二日丑刻，颱風挾大雨自東北來。先是，雨已數日；及颱作，海潮外湧、山水內漲，互相抵擊，大小溪河皆漫溢橫流。初十日卯刻、颱風、大雨復自北來，轉而東；午後，轉而南，雨止；至酉初，風乃止。二十七日寅刻，颱風復自東北來；巳刻，大雨；酉刻，風止。二十八日辰刻，雨乃止。吹壞民、番草房甚多；晚禾亦損，收成歉薄。

二十年正月初七日午刻，地震。

二月初三日丑刻，地震。

謹按：臺東逼大海，素多大風；地亦時震。光緒十九年以前，官民均無記載；稽考月日，言人人殊，難以悉記，故寧略之。理合聲明。

【光緒】甲午新修臺灣澎湖志

（清）蔡麟祥、陳步梯修
（清）林豪纂

清光緒二十年（1894）刻本

祥異

康熙十九年夏六月有星孛於西南。形如劍、長數十丈。經月乃隱。臺灣府志

按臺澎之西南。爲漳之銅山古雷等處。又三年而施侯師船、由銅山進討澎湖、遂下臺灣矣。意者我朝仁人之師。將救斯民於水火。故蒼穹垂象。爲授鉞專征削平逋寇之兆歟。未可知也。

二十二年癸亥夏五月、澎湖港有物。狀如鱷、長丈許有四足。身上鱗甲火焰、從海登陸。百姓異之。以冥鈔金鼓送之下水。越三日。仍乘夜登山死。

濟水尹東泉曰。鄭成功起兵海上。或云此東海大鯨。歸東則逝矣。辛丑攻臺灣。時有望見一人冠帶騎鯨從鹿耳門入者。癸卯成功轄下。夢鯨首冠帶乘馬由鯤身東入於海。未幾成功卒。正符歸東則逝之語。則其子孫亦鯨種也。癸亥四月（府志作五月俟考）鱷魚登岸而死。至六月澎師戰敗歸誠。亦應登山結果之兆焉。按此殆劉向洪範傳所謂魚孽也。是時鄭氏骨肉相殘。民心離析。運丁荒末。是有咎徵。亦其氣焰有以取之歟。吁可畏哉。

夏六月二十二日潮水驟漲數尺。水師提督施琅帥師克澎湖。二十六夜有大星隕於海。聲如雷。是日明甯靖王朱術桂自經。姬妾死者五人。

新城王漁洋曰。明崇禎庚辰。僧貫一居鷺門。掘地得古磚。刻古隸文云。

草雞夜鳴、長耳大尾、千頭啣鼠、拍水而起、殺人如麻。血流海水。起年滅年。六甲更始。庚小熙皞、太和千紀、凡四十字、識者謂雞酉也、加草頭大耳鄭字也。千頭甲字鼠子也、謂芝龍以天啓甲子起海中也、明年甲子。距前甲子六十年矣。前年爲正色克金厦、金年施琅克澎湖、鄭克塽乞降、六十年海氛、一朝盪滌、此固國家靈長之福、而天數已預定矣、異哉。

按是時大兵至八罩虎井海濱、隨地得甘泉。攻澎湖時。海水驟漲四尺。見施侯奏疏、另詳軼事中、（節池北偶談）

四十四年乙酉冬飢、詔蠲本年粮米、

四十六年冬飢。詔蠲粮米十分之三、

五十一年春、詔蠲本年錢粮應徵粟石。

五十六年冬飢。詔蠲本年錢粮十分之三。

六十年冬十二月。詔蠲本年粟米。以上本府志

按以上雖係全郡之事。然當時澎湖附於臺邑轄內。並與其列。故謹錄之。

雍正九年大風雨。衙署倒塌。

乾隆二年夏四月詔免澎湖魚規。先是施侯平臺。令澎人歲輸魚。規千二百兩。名爲賞兵之用。至是永行禁革。五月大風。秋九月大風。

五年閏六月大風。刮壞各汛兵房。以上胡氏紀略

七年丙寅。臺灣令周鍾瑄。運米賑澎湖。使槎錄

十年乙丑秋大風雨。衙署科房倒塌。八月賑銀六百兩。

十一年，蠲免額徵供粟。府志

二十二年夏四月，有鯨魚自斃於虎井嶼澳上。

冬十二月，哨船綏字十三號赴臺運米，遭風飄沒，淹歿戍兵二十二名。

二十三年春正月，哨船甯字十四號赴臺灣運米，在大嶼洋面，遭風擊碎

以上採紀略

三十年丙戌九月二十三日，大風覆沒商船。

三十一年丁亥秋八月，大風覆溺多船。以上蔣氏續編

三十六年辛卯，詔蠲全年地丁租稅。縣志

四十五年庚子，有年。

五十一年丙午夏饑，通判呂憬懷設法平糶以上續編。是年澎湖把總蔡得恩，貓

務涑巡檢陳慶在澎湖洋面，遭風淹沒。六亭文集 冬十一月有三星夜墜，大如斗，聲如雷。一墜於南，一墜於西，一墜於澎湖海中大石上，石裂。薛氏續修縣志

五十五年庚戌夏六月初六夜大風雨。人家水暴溢，廬舍多陷。風挾火行竟夜，滿天盡赤，俗云麒麟颶也。是日岸上小舟及車輪，被風飄至五里外。壞廟宇民居無算。一日夜乃止。前三日漁人見大黿鼉浮水面，身帶火燄，識者以爲風徵云。知府楊廷理來澎勸賑。

五十九年甲寅秋饑。晚季不熟，次年猶饑，通判蔣曾年施粥半月。

嘉慶元年丙辰大有年。以上續編

二年丁巳詔蠲本年正供租稅。薛氏續志

九年甲子大有年。

十一年丙寅晚季不熟。

十六年辛未春彗星見西南。經月乃隱。時海盜蔡牽朱濆等。刼掠頗熾。沿海戒嚴。秋八月風。九月大風。下鹹雨爲災。通判宋廷枋通報請䘏。賑銀四千一百八十九兩。

蔡氏廷蘭曰。颶風鼓浪。海水噴沫。漫空潑野。被園穀。草木盡腐。俗名鹹雨。惟澎湖有之。

十八年癸酉秋七月二十夜大風。海水驟漲五尺餘。壞民廬舍。沉覆海船無算。

二十二年乙亥秋八月二十五日大風下鹹雨。冬大飢。通判潘覲光設法平糶。

道光元年辛巳大有年。

五年乙酉夏彗星見東南。次年彰化粵匪黃斗奶滋事。總督孫爾準平之。

九年己丑冬十月十二日有星隕東南。赤色有光及地。聲殷如雷。三投再起。疾流至西北墜。其光燭天。

十一年辛卯夏旱。秋八月大風下鹹雨。冬大飢。通判蔣鏞籌捐義倉錢三千餘串。先濟貧民。又借碾兵米。減價平糶。復通報請邮。

十二年壬辰春三月猶飢。兵備道平慶委鳳山縣知縣徐必觀。巡檢沈長棻施模勘災。二月十九日興泉永道周凱。奉檄至澎。尅日賑銀七千五百八十六兩零。是秋有詔緩征。秋八月二十二日大風。海水漲五尺餘。覆舟溺人無數。（以上本續編）

十八年戊戌雜穀地瓜絲賤甚。每觔價錢十四文。

二十年庚子大風。吉貝嶼洋船擊碎。

二十二年壬寅有年。

二十四年甲辰飢、下數年皆飢。

三十年庚戌冬雜穀失收。生員陳維廉等。赴臺請賑。巡道徐宗幹、知府裕鐸、捐銀二千兩。收買雜粮薯絲備用。道府議將雜粮。減價平糶、轆轤轉運以惠窮民。而楊倅請將現穀散給。遂不果行。

咸豐元年辛亥三月初四日大風霾下鹹雨。徐道援案奏撥道庫銀。兩委同知王廷幹勘卹。又委員曾廣煦解到薯絲接濟。時臺郡紳商林春澗、石時榮、蔡芳泰、黃瑞卿等。共捐銀一千六百四十餘兩。本地殷戶吳鏘、黃朝基等。共捐銀一千七百三十九兩。鎮道文武委員。各有捐欵。合計紳民捐銀七千六百十一兩零。儘數撥用。并動用庫項四千六百七十三兩零。前後散給薯絲一百五十五萬四千五百餘觔。并折放制錢一萬三千九百六十四千零。自四月起至七月底止。統共用銀一萬二千三百五十四兩零。勸諭商船。多載薯絲來澎。每觔市價十四五文。故給錢聽民自買也。其福省委員張兆鼎。帶銀二千兩來澎查鄭。并発動用。有詔是年地種雜粮。緩至明年秋後帶徵。以上採[illegible]

二年壬子二月初一夜。媽宮街火。延燒店屋無數。大井頭一帶皆燼。夏有蟲。七月颶風下鹹雨。幸旋得大雨洗滌。尚救四五分。六月大風颶。臺灣鄉試船壞於草嶼。溺人甚多。

五年乙卯夏久旱、通判冉正品出示平市價。採訪冊、

六年丙辰大疫、死者數千人。大城北宅腳嶼尤甚。

七年丁巳猶疫、五穀價長。時內地大荒。米價驟長。故澎湖亦因之貴、

八年戊午七月雷起西溪上帝廟。有燐火一圓從廟中飛出。向南而沒。陳雁標採

九年己未夏大風、海面覆船無數。九月雜穀有秋。

十年庚申夏大旱、秋八月颶風鹹雨為災。民房傾圮。海船擊碎甚多。臬道孔昭慈委員張傳敬勘災。

十一年辛酉飢、議賑八罩澳。

同治元年壬戌有年。夏五月地震。臺灣嘉彰尤甚。時彰化戴逆變作、

二年癸亥大有年。

五年丙寅夏大旱。秋颱風下鹹雨三次。民大飢。副將張顯貴移文請賑，捐俸爲倡，兵備吳大廷發銀二千元。先後籌買薯絲四十萬零七千七百觔。委員高廷鏡勸賑。在地紳商捐湊十九萬四千一百觔。分作四期給發記名。總兵同安人吳鴻源。收風港口自捐食米百餘石薯絲一千三百担。彰化人吳志高捐薯絲三百担。散賑近海漁民。時紳商黃步梯、鄭步蟾、林瓊樹、黃應宸、黃學周等。辨理賑務。多方籌辨。墊錢五百餘千文。十二月歲貢生郭朝熙等。請平市價，（以上[illegible]）冬澎協吳奇勳、紅單艇在八罩。遭風擊碎。

七年戊辰有年。秋七月林投圭璧二澳大疫。

八年己巳飢。

九年庚午春旱。冬十月下鹹雨。通判唐世永、副將吳奇勳。以來歲青黃不接民食維艱。詳請設法。籌備飭令。紳耆澳甲查明受災輕重。分別詳報。

十年辛未春夏飢。兵備道黎兆棠發薯絲四千七百餘担。委員知縣葉滋勘災監賑。分作兩次散給。八月十六日風颱大作。港口船隻皆碎。

十一年壬申夏旱蝗。秋八月暴風鹹雨爲災。民飢困尤甚。副將吳奇勳飛報災荒情形。捐廉請賑。鄉耆林再等赴臺灣道府。呈請賑卹。兵備道梁元桂。委員高廷鏡。勘災。發米三千石散賑。

十二年癸酉春不雨。三月臺灣道復發洋米千包續賑。四月溫州鎭總兵吳鴻源。捐買薯絲一千九百餘担。遣丁運載到澎發賑。 鳳山縣苓仔寮商民陳順和。捐買薯絲五百担。陳順源。捐薯絲三百担。先後到澎續賑。幷運米平糶。（以上據采冊） 是冬民得異疾。其始自覺腰肢微酸旋。卽偏身攤軟不能

行。動筋骨疼痛異常。有途次得疾未及抵家而扶掖以歸者。服熱劑則死

惟服冷可愈。故死者尚少。愈後一二月尚覺手足無力。久始暫瘥。俗謂之

平安病。聽屬男婦皆然。亦異症也。（黃濟時採）

十三年甲戌有年。

光緒元年乙亥大有年。

二年丙子有年。四月十五十六等日。洋面颶風大作。覆舟無數。右營臺字

一號銅底戰船。在洋擊壞。

三年丁丑夏大風下鹹雨。

四年戊寅春暴風。吉貝嶼小船不能往來。以書繫於桶內。隨流報饑困狀。

通判蔡麟祥、副將吳奇勳議。以海中孤島如吉貝等嶼民。皆捕魚爲生。偶

遇大風。兼旬不特不能採捕。且無從糴買糧食。坐以待斃。情實可憐。應即籌賚賑䘏。飭士紳黃步梯林瓊樹等。查報外嶼貧民及島中極貧之家。分別散給。夏巡撫丁日昌奏免臺澎雜餉。著爲令。（[illegible]）

五年己卯夏不雨。六月通判洪其諳祈雨城隍廟。是日澤下尺餘。七月又祈雨。是日澤下三四尺。民氣稍蘇。（蔡玉成錄）

按鹹雨爲災。實由怪風之爲虐。其來也如狂潮。乍發如迅雷疊震。或對面不聞人聲。故其時百穀草木未壞。於鹹雨之浸潤。先厄於孽風之蹂躪矣。彼民亦何辜。而獨遭此苦哉。是在官斯土者。嚴防蠹役丁胥留意拊循。以感召太和。使甘雨依旬。颶風不作。而年穀順成也。

七年辛巳夏不雨。旱季梁黍失收。閏七月初七日颱颶交作下鹹雨。風過處。樹木爲焦。所謂麒麟颶也。或謂之火颱。其風從西北來。故北山大山嶼媽宮港被災尤重。至十三四念一二等日。狂風連作。一月之間。下鹹雨三次。徧野如洗。洵非常災變也。諸生蔡玉成等請賑。通判李翊清不許。乃赴臺灣道府告災請卹。時有飛雲輪船。管駕都司銜梁梓芳至臺灣。面陳臺灣道張夢元。准以輪船渡載饑民。赴臺覓食。前後載往者數千計。八月新任通判鮑復康至。親歷嵵裏各澳。并渡海至西嶼八罩等處。撫慰饑民。命紳者查明戶口分別極次孤貧。各造清冊。於媽宮澳設籌濟公所。時巡撫岑毓英聞澎地災重。詢於臺灣道張夢元。飛飭臺灣府。發米一千石散賑。復康查學中貧生。給米度歲。童生經面試者。每人給米有差。新任臬道劉璈至臺灣。復發米四千石。以二千石散賑。二千石平糶。復康又請撥二百石爲諸生膏伙。巡撫至省，大發米一萬石，由輪船陸續接濟，劉璈又籌款五千金，提稅釐項下三千金，採買薯絲五千餘担，臺灣鎭道以下合捐二千金，購運薯絲白米。與泉永道孫亦設法購運薯絲七百包，於是安海紳士林瑞岡，捐薯絲六萬觔，廈門紳士捐四萬觔，前任溫州總鎭吳，暨廈門郊商，合捐米二千五百石，薯絲四百六十五袋，一百九十簍，廈門行商金廣隆等，及安海職員林嵩華，共捐薯絲一千二百九十三袋。紳商葉文瀾倪莊夏等，爲捐白米一百三十餘包，泉州府徐籌，捐薯絲三百五十担，鳳山縣郊商陳順和捐薯絲一千担，台州紳士金鴿年、金鶴書、阮萃恩、共捐穀一千二百石，糶米六萬六千六百餘觔，新任臺灣府周、捐檳榔芋一百担，自九月至明年六月，濟飢民四萬九千餘丁口，災民無炊，耕牛無食。梟道劉璈復檄淡水煤務局，運載煤粉二百餘萬觔，稻草花生籐二千餘擔，民藝二麥飼牛麥種貴購運百石散給，由是民氣安堵，幾忘其災。（採案冊）

八年壬午夏不雨，通判飽復康祈雨大城北，六月十七日大雨連日，澤下六七尺，是秋有年。

十年甲申夏六月大疫，冬十一月每夜有大聲，發於海濱，蓋地鳴也，又雄雞亂鳴，井水味變，甘鹹相反，未幾法夷來犯。

十一年乙酉夏四月大疫，法夷事平，恤難民銀米，夏六月民間猶疫，耕牛多死。

十六年庚寅大有年。

十七年辛卯秋有巨魚，擱於文良港，鄉民仍放之海。

十八年壬辰夏六月大風雨三日。平地水深三尺。壞衙署房屋商船五穀無數。八月颱風下鹹雨。是年地瓜薄收。花生十存二三。十一月初二日有異魚。入自西嶼之小門港。擱置淺礁上。魚身長一十六丈。濶二丈五尺餘。高約二丈。黑色花點。腹內五臟無異獸類。魚口上顎較長。或曰象魚也。遠近鄉人爭取其油。三四日未盡。其油可爲織機用。（黃濟時採）十一月天大寒。內地金門廈門大雪盈尺。爲百年來所未有。澎雖無雪。而奇寒畧相等。

十九年癸巳饑。

二十年甲午春二月。臺灣巡撫邵奏發帑金八千兩。檄委候補知府朱上泮前往溫州採買地瓜絲併米。到澎賑邺。三月福建總督譚。發米二千石。派輪船裝運到澎賑邺。鳳山縣紳商陳觀、蔡日翔等殷戶。共捐米三百石。